高效饲养新技术彩色图说系列

gaoxiao siyang xinjishu caise tushuo xilie

图说如何安全高效

饲养蜜蜂

李树军　主编

中国农业出版社

图书在版编目（CIP）数据

图说如何安全高效饲养蜜蜂/李树军主编．—北京：中国农业出版社，2015.1（2019.2重印）
（高效饲养新技术彩色图说系列）
ISBN 978-7-109-19922-4

Ⅰ．①图　　Ⅱ．①李　　Ⅲ．①蜜蜂饲养－图解　Ⅳ．①S894-64

中国版本图书馆CIP数据核字（2014）第294916号

中国农业出版社出版
（北京市朝阳区麦子店街18号楼）
（邮政编码 100125）
责任编辑　郭永立

中国农业出版社印刷厂印刷　　新华书店北京发行所发行
2015年6月第1版　　2019年2月北京第4次印刷

开本：889mm×1194mm　1/32　印张：3.875
字数：116千字
定价：32.00元
（凡本版图书出现印刷、装订错误，请向出版社发行部调换）

序

当前，制约我国现代畜牧业发展的瓶颈很多，尤其是2013年10月国务院发布《畜禽规模养殖污染防治条例》后，新常态下我国畜牧业发展的外部环境和内在因素都发生了深刻变化，正从规模速度型增长转向提质增效型集约增长，要准确把握畜牧业技术未来发展趋势，实现在新常态下畜牧业的稳定持续发展，就必须有科学知识的引领和指导，必须有具体技术的支撑和促动。

为更好地为发展适度规模的养殖业提供技术需要，应对养殖场（户）在饲养方式、品种结构、饲料原料上的多元需求，并尽快理解和掌握相关技术，我们组织兼具学术水平、实践能力和写作能力的有关技术人员共同编写了《高效饲养新技术彩色图说系列》丛书。这套丛书针对中小规模养殖场（户），每种书都以图片加文字流程表达的方式，具体介绍了在生产实际中成熟、实用的养殖技术，全面介绍各种动物在养殖过程中的饲养管理技术、饲草料配制技术、疫病防治技术、养殖场建设技术、产品加工技术、标准的制定及规范等内容。以期达到用简明通俗的形式，推广科学、高效和标准化养殖方式的目的，使规模养殖场（户）饲养人员对所介绍的技术看得懂、能复制、可推广。

《高效饲养新技术彩色图说系列》丛书既适用于中小规模养殖场（户）饲养人员使用，也可作为畜牧业从业人员上岗培训、转岗培训和农村劳动力转移就业培训的基本教材。希望这套丛书的出版，能对全国流转农村土地经营权、规范养殖业经营生产、提高畜牧业发展整体水平起到积极的作用。

丛书编委会

前言

　　随着人们生活水平的不断提高，国内外市场对蜂产品的需求量越来越大。而发展养蜂业投资少、见效快，不仅不占耕地、不破坏生态环境，且还能够实现人与自然和谐发展，利国、利民、利子孙。特别是发展养蜂业还能够通过蜜蜂授粉在不增加土地面积的前提下实现农业的增产、增收。所以，发展养蜂业前景广阔。

　　当前，消费者对蜂产品质量要求越来越高，按照传统生产方式生产的蜂产品已经不能适应市场的需要，这就要求我们必须以市场为导向，迅速组织蜂农开展蜂产品标准化安全生产，以满足市场对各个层次产品日益增长的需要。本书用大量图片介绍了养蜂新技术，是专门针对初学者和小规模养殖场的科普读物，以进一步推广科学、高效和标准化养殖方式，促进养蜂业可持续发展。

　　由于我国地域辽阔、名地生产状况不一，建议读者在应用书中介绍的技术方法、特别是蜂的治疗与用药方面，根据当地实际情况进行适当调整，避免不当用药造成损失。

　　在编写过程中，笔者参阅和采纳了国内外大量科技文献资料，也得到山西省晋中种蜂场和广大养蜂户的大力支持，在此表示感谢。由于水平有限，不足之处敬请读者批评指正。

编　者

目 录

1

第一章　蜜蜂品种

西方蜜蜂在世界上分布范围最广、饲养数量也最多，主要包括欧洲黑蜂、意大利蜂、卡尼鄂拉蜂、高加索蜂等，是大家公认的经济价值最高的蜜蜂品种。它们对现代养蜂业的形成、发展和当今蜂产品市场的繁荣发挥了非常重要的作用。东方蜜蜂主要分布于亚洲各地，主要包括中华蜜蜂、日本蜂、菲律宾蜂、印度蜂等。

在我国饲养的蜜蜂品种主要有意大利蜜蜂、卡尼鄂拉蜂、中华蜜蜂以及有关科研单位选育出的意蜂新品系，如浙农大Ⅰ号浆蜜双高产蜂种、平湖和萧山王浆高产蜂种等。另外，在我国东北和新疆还饲养着一定数量的欧洲黑蜂。

一、意大利蜜蜂

意大利蜜蜂（图1-1）简称意蜂，其特点是：个体略小于欧洲黑蜂，腹部细长，腹板几丁质为黄色，第2～4腹节背板的前缘具黄色环带，环带的宽窄与色泽深浅变化较大，多数为两个黄色环带。意蜂性情温和，产卵量大，分蜂性弱，采集力强，善于利用大宗蜜源，泌浆性能好，造脾速度快，易养强群，便于管理。

意蜂缺点：①产卵无节制，在外界缺乏蜜粉源的情况下，蜂王继续大量产卵，造成不必要的浪费；②不能很好地利用零星蜜源，饲料消耗大；③抗逆性差，不耐寒，易患幼虫病；④盗性强，定向力差，易迷巢（图1-2）。

图1-1　原意蜜蜂
(腾跃中摄于吉林省蜜蜂育种场)

图1-2　美意蜜蜂
(腾跃中摄于吉林省蜜蜂育种场)

二、中华蜜蜂

中华蜜蜂（图1-3）是我国目前饲养量位居第二的蜂种，约占20%。它在我国华南地区养蜂生产中具有重要地位，以定地饲养为主。中华蜜

图1-3　中华蜜蜂

蜂体形中等，工蜂体长9.5～13毫米，采集半径1～2千米，飞行敏捷。蜂王体色有黑色和棕色两种，每昼夜产卵900粒左右，饲料消耗少。

中华蜜蜂（图1-4）分蜂性强，多数不易维持大群，常因环境、饲料、病敌害而举群迁徙。抗大小蜂螨、白垩病和美洲幼虫病。不采胶。

图1-4　传统方法饲养的中华蜜蜂

三、卡尼鄂拉蜂

卡尼鄂拉蜂（图1-5）工蜂大小与意蜂接近，腹部细长，几丁质为黑色。腹部第2～3节背板常有棕色斑，绒毛为灰色。其主要优点是采集力较强，善于利用零星蜜粉源，节约饲料。卡尼鄂拉蜂对外界气温和蜜粉源条件非常敏感，当外界刚开始吐粉，它马上开始繁殖，当蜜粉源流蜜一结束，蜂王的产卵立刻停止。所以卡尼鄂拉蜂春季群势发展快，秋季群势下降也快。另外，卡尼鄂拉蜂比较温驯、越冬性好、抗病力强。缺点是分蜂性强，维持大群较难，不耐热，不宜长途转地饲养，产

图1-5　卡尼鄂拉蜂
（腾跃中摄于吉林省蜜蜂育种场）

3

浆性能差，蜂王损失率比意蜂高。

四、欧洲黑蜂

欧洲黑蜂（图1-6）个体较大，腹部宽，几丁质多为黑色，少数个体在第2～3腹节背板上有棕黄色斑。欧洲黑蜂的优点是分蜂性弱，采集力强，善于利用零星蜜源，节省饲料，耐寒，定向力强，不起盗，在夏季以后可养成强群。缺点是性情凶暴，爱螫人，难于管理；产卵力不如意蜂，春季群势发展较慢；喙较短，无法利用花冠较深的蜜源植物。

图1-6 欧洲黑蜂
（李静明 摄）

第二章 蜂场建设

一、选址

一是要避开交通要道，以免噪声影响蜂群生产，扬尘造成蜜粉源植物污染。二是要尽量选择周围蜂场比较少的地方放蜂，以最大限度地减少与病蜂接触的机会。三是要避开经常喷药的果园或农作物种植区（图2-1）。

图2-1 选址理想的蜂场

二、环境

在现代的蜂业养殖中，不仅要考虑蜜粉源、小气候、交通、地势以

5

及容易对蜜蜂造成伤害等一般因素，而且还需要详细考虑蜂场周围的土壤环境质量、周边水环境质量及空气质量（图2-2）。

图2-2　环境优美的蜂场

（一）土壤环境

现代化蜂场首先要选择土壤清洁的场所放蜂（图2-3），以避免蜜粉

图2-3　土壤清洁的蜂场

源植物从土壤中汲取有害物质，造成蜂产品污染。蜂场周围5千米范围内的土壤未使用过六六六，没有镉、汞、砷、铅等重金属污染，或者是虽然使用过上述农药等，但是土壤质量能够达到国家标准。

（二）水环境

要避开有污染的水源（图2-4），即在放蜂场地5千米范围内的水质要有利于蜜粉源植物的生长、开花泌蜜和蜜蜂饮用，基本达到国家相关标准。具体的感官性状及一般化学指标要求是：不得有异臭、异味，不得含有肉眼可见物，色度不超过30°，浑浊度不超过20°。卫生指标是每100毫升水中大肠杆菌群不超过1个。

图2-4　污染水源

（三）空气环境

蜂场要远离能够造成空气污染的污染源（图2-5、图2-6），如化工厂、农药厂、焦化厂、煤矿等，使蜂群所处的大气环境质量至少应符合国家标准（GB3095）中空气质量功能区二类以上的要求。一般蜂场周围每立方米空气中总悬浮颗粒物日平均量不得超过0.30毫克，二氧化硫不得超过0.15毫克，二氧化氮不得超过0.12毫克，每立方分米的氟化物不得超过1.80微克。

图2-5 煤 矿

图2-6 化工厂

三、蜜粉源

蜂场周围蜜粉资源是否丰富？小气候怎样？放蜂人多不多？这些因

素是定地养蜂必须重点考虑的方面，它们直接决定着蜂产品的质量和养蜂效益的高低。

（一）蜜粉资源丰富

蜜粉资源丰富（图2-7）能够确保现代化生产的需要。即在半径3千米的范围内要有两个以上泌蜜稳定的主要蜜源，平时还要有大量的辅助蜜源供蜜蜂采集和繁殖。如果周围的蜜源是乔木，则应以青壮年树木为主，并有一定数量的幼年树和老年树。如果是果树或农作物，则需要充分考虑蜜粉源的灌溉、耕作、水肥条件，特别是种植者对作物喷施农药的习惯等。同时还要远离有毒蜜粉源植物。

图2-7　蜜粉资源丰富的蜂场

（二）小气候良好

为了确保养蜂生产的需要，在定地饲养的蜂场（图2-8）周围要有适宜的小气候条件。要对当地小气候条件进行连续3年以上的观察，选择那些绝大多数年份收成良好的地方放蜂。

图2-8　定地饲养的蜂场

（三）蜂群密度合适

在蜜粉源丰富的情况下，半径1千米范围内蜂群数量不宜超过100群。因为蜂群密度过大，不仅会造成大幅度减产，而且到了蜜粉源缺乏季节会引起盗蜂现象发生，进而增加疾病传染机会（图2-9）。

图2-9　千米内无其他蜂群

第三章　饲养管理

一、良种繁育

随着科学技术的发展，其在产业中起到越来越重要的主导作用。资料显示，科学技术对畜牧业的贡献率已由30%提高到45%左右。而良种作为科技最集中的载体和科研成果的集合，则占到科技进步作用总份额的40%。根据测算，畜禽良种覆盖率平均每提高1个百分点，畜牧业产值即可增加1.3亿元左右，这充分证明良种革命和先进的高新技术带动了畜牧业的突破和跨越式发展。

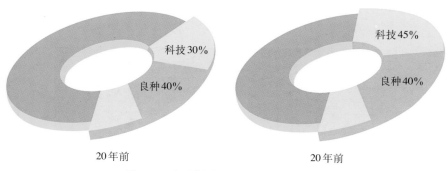

20年前　　　　　　　　20年前

图3-1　良种繁育对畜牧业的贡献率

（一）蜂种的选购

引进和应用良种是养蜂生产中经常遇到的实际问题。选购的蜂种是否适应当地特定的自然条件，对养蜂的成败影响很大。因为不同的蜂种

11

适宜不同的自然条件，例如，意大利蜜蜂采集力强，适宜于利用大宗蜜粉源，在平原地区饲养和转地饲养中表现良好；卡尼鄂拉蜂耐寒，能够利用零星蜜源，节省饲料，在山区和较冷的地方能充分发挥其生产潜能。

选购蜂种还要充分考虑蜂场的生产方向。因为不同的蜂种其各种产品的生产性能差异很大。例如，蜂场以产蜂王浆为主（图3-2、图3-3），

图3-2　蜂王浆生产之一

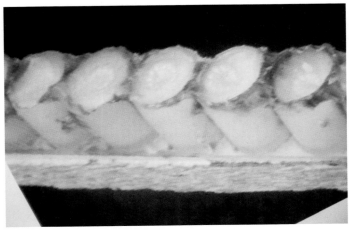

图3-3　蜂王浆生产之二

那么选择纯种意大利蜂进行饲养为上策；倘若既想生产蜂蜜（图3-4），又想采王浆，饲养浆蜜双高产蜂王是个好办法。

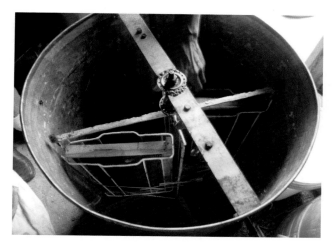

图3-4 取蜜现场

对于初次养蜂的人，不仅要选好蜂种，更要选择恰当的时机选购好蜂群。一般来说，在春暖花开的季节选购蜂群比较好。因为此时蜂群不仅容易饲养，而且蜜蜂的许多病虫害也容易被发现，避免买回病蜂。同时，在选购蜂群时还要注意所买蜂群的蜂具是否标准（图3-5），巢脾的

图3-5 标准蜂具

新旧程度如何（图3-6）。并且要仔细观察一下蜂王的种性如何（图3-7），如产育力好不好、纯度高不高、是否为新王等（图3-8）。

图3-6　新旧巢脾比较

a.新　b.旧

图3-7　观察蜂王

图3-8　新蜂王

（二）杂交优势

专业养蜂者每年都要引进适合当地饲养的优良种王与当地选出的雄蜂（图3-9）杂交制种，以较大幅度地提高蜂群的生产性能。

图3-9　颜色深的是雄蜂

　　纯种蜂王是指外部形态和生物学特性具有相对稳定遗传性的蜂王。蜜蜂杂交优势是指两个或两个以上纯度较高的蜜蜂纯种或品系之间进行杂交所产生的蜂群，往往在生活力、繁殖力、抗逆性和生产性能等许多方面超过其双亲的性能。利用杂交优势，可以在短期内取得事半功倍的增产效果。

　　1. 父母本的选择　在进行杂交组配前，首先要对亲本蜂群进行调查摸底，力求准确掌握其遗传特点、生产力表现等情况。尽量选择那些在生产性状上具有互补性、生态类型差异较大的蜂群进行组配制种。有条件的蜂场要对准备杂交的蜂群进行配合力测定，选用配合力强的亲本进行杂交。只有这样，才能取得理想的杂交效果。

　　2. 定期换种　在生产中利用杂交优势，一定要坚持定期换种（图3-10）。因为蜜蜂的杂种优势在第一代表现最为明显，一般从第二代开始逐渐退化，直至消失。如果毫无限制地进行杂交，不仅得不到应有的杂交优势，而且还会导致品种混杂退化。所以，利用杂种优势，应坚持每年定期换种。

图3-10　蜂王标记、定期换种

　　3. 配种方法　配制杂种蜜蜂的常用方法有单交、回交、三交和双交。两个蜜蜂品种、品系或近交系之间进行的杂交称为单交，所形成的杂交种叫作单交种（图3-11）。例如，喀蜂和意蜂之间的杂交，人们称其为"喀×意"单交种。

图3-11　单交种蜜蜂

子代与亲代之间的杂交被称为回交，所形成的杂交种叫作回交种。例如，用喀蜂与意蜂的单交王作母本蜂王，用其卵虫培育处女王，育成的处女王（喀×意单交种）再与单交王所生的雄蜂进行杂交，便是回交。因为从遗传学上来说，雄蜂相当于亲本，它是母本的活配子。

单交种蜜蜂与第三个品种、品系或近交系之间的杂交称为三交，所形成的杂交种叫作三交种（图3-12）。例如，用喀、意单交王作母本培育处女王与高加索蜂王培育的雄蜂杂交，即为三交，其所形成的三交种称为"喀·意×高"三交种。

一个单交种培育的处女王与另一个单交种培育的雄蜂交配称为双交。双交后的蜂王所组成的蜂群，蜂王仍为单交种，含有两个种的基因，产生的雄蜂与蜂王一样也是单交种，工蜂和子代蜂王含有四个蜂种的基因，为双交种（图3-13）。

4. 卵虫输送法　卵虫输送法是大面积推广蜜蜂良种的一种有效方法。做法是养蜂专业户或养蜂组织将引回的蜜蜂品种放到养蜂比较集中的地方，然后请周围需要换种的养蜂户带上育王群去到那里集中移虫育王

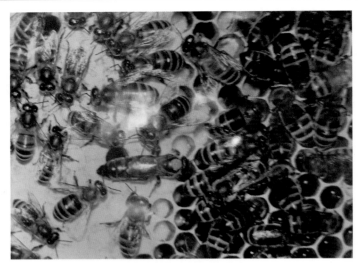

图3-12 三交种蜜蜂

图3-13 双交种蜜蜂

（图3-14、图3-15、图3-16、图3-17），然后让这些处女王与当地事先选好的雄蜂进行交尾。通过这种方式可以在最短的时间内以较低的成本大面积推广良种蜂，获得最佳的经济效益。

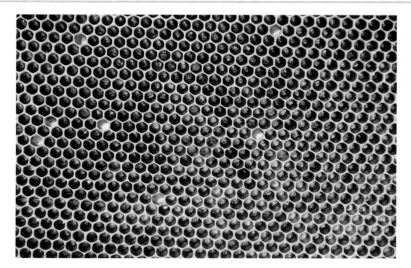

图3-14 良种蜜蜂幼虫

图3-15 移虫针取幼虫

（三）退化与复壮

1. 蜂种退化　　引起蜂种退化的原因主要有4个。

（1）生物学混杂引起种性退化　　因为蜜蜂的交配是在空中进行的，

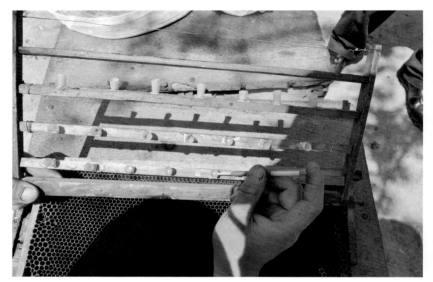

图3-16　将幼虫放入蜡盏

图3-17　调整育王群

在没有严格的隔离条件下，蜂王与本品种血缘关系较近的雄蜂发生婚配，导致某些优良基因丢失，种性退化。

（2）近亲繁殖引起蜂种退化 因为我国的养蜂者绝大多数采用自繁自养的方法培育蜂王，使蜂种出现近交衰退，种性退化。

（3）选种方法不当造成种性退化 我国的许多蜂场在选种时，往往过于看重表型值，有时误将杂种蜂王留作种用，结果引起蜂种退化。

（4）引种不当造成种性退化 因为蜜蜂品种是在特定的自然条件下形成的，当所引的品种与当地的生态条件、饲养方法不相适应时，即有可能造成蜂种退化。

2. 提纯复壮 提纯复壮是指采取一定的措施，使蜂种原有的经济性状重新表现出来，恢复原有的应用价值。在蜂种复壮前，应弄清本场蜂种退化的原因，然后采取相应的措施。常用的复壮方法有以下几种：

（1）提纯优化 因混杂引起的种性退化，应采用这种方法提纯复壮。要根据该纯种蜜蜂的形态特征、经济性状和生产力指标对全场蜂进行考察，把符合或比较符合该蜂种特征指标的蜂群选出来，通过集团繁育的方法进行定向选育，每代均留符合该品种种性标准的蜂群进行繁殖，这样经过若干代之后，基本可以恢复该品种蜂的主要性状，获得较好的经济效益。

（2）品种内杂交 如果是因为近亲繁殖而造成了蜂种退化，则可通过本品种内或品系内不同血缘关系的蜜蜂来杂交复壮。一般来说，可以每隔3～4年从外地引进血缘关系较远的部分蜂王与本场的蜜蜂进行杂交，更新血统，进行复壮。对于导入外血的蜂群，可以接着采用集团选育的方法继续进行繁育和选择，直到选育出符合标准的优良种群。

（3）改善饲养条件 有些蜂种引进后之所以没有表现出良好的经济性状和生产力，其主要原因是各方面的饲养条件没有到位，只有改善饲养条件才能恢复其良好的种性。

二、蜜蜂越冬

蜂群越冬前应做好换王、培育适龄越冬蜂、饲喂越冬饲料（图3-18）、治螨（图3-19、图3-20、图3-21）、防治盗蜂（图3-22）等几项工作。

图3-18　饲喂越冬饲料

图3-19　药物治螨

图3-20 悬挂药片

图3-21 升华硫治螨

图3-22 预防盗蜂

（一）室外越冬

对于室外越冬的蜂群，其越冬场所应清洁卫生、干燥、安静。越冬保温材料（图3-23）应无毒、无污染。其技术要点是要有足够的群势、

图3-23 越冬保温材料

充足的饲料和较完善的包装和科学的管理。

1. **足够的群势** 蜂群越冬群势大小（图3-24）取决于越冬期长短、

图3-24 检查蜂群群势

当地气温高低以及蜂场附近主要蜜源开始流蜜的时间三个因素，其目的主要是便于过冬后蜜蜂能迅速复壮，采集到当地第一个主要蜜源。一般在越冬期较短的长江中下游地区，每群蜂有3框足蜂即可越冬（图3-25），

图3-25 三框蜂群

而在我国北方大多数地区则须有5框足蜂才能越冬。

2. 充足的饲料　室外越冬蜂群饲料消耗量较大，一般每脾蜂每月要备足500克越冬饲料（图3-26）。

图3-26　查看贮蜜情况

3. 完善的包装　与当地室内越冬的蜂群相比，室外越冬的蜂群包装要厚些。包装原则是：强群要迟而薄，弱群要早而厚。越冬包装时间，一般以地面结冰以后为宜。

（1）厚包装法　按越冬要求把蜂箱排好之后，在箱内覆布上加层吸水性较强的麻纸，箱内隔板外侧用麦秸或稻草填塞（图3-27），然后盖好箱盖。

在蜂箱底下铺一层6～10厘米厚的干草或麦秸，在蜂箱四周用砖砌一个比蜂箱外围尺寸大10厘米的围墙，在巢门处留一高宽均为10厘米的洞口（图3-28），然后在箱与箱之间用干草等塞实（图3-29）。最后蜂箱上面再用6厘米厚的草帘盖严即可（图3-30）。这种包装受外界气温影响很小，但包装复杂，遮光较差（图3-31）。

（2）薄包装法　此法仅适于最低气温在-10℃左右的地区。方法是室外越冬时覆布上置一棉垫（图3-32），箱后放些干草之类挡风即可。

图3-27 麦秸或稻草

图3-28 砖砌围墙

图3-29 箱之间用干草

图3-30 厚草帘

图3-31 厚包装法

图3-32 棉 垫

4. 科学的管理

（1）要选择背风、向阳、干燥和安静之处让蜜蜂越冬。

（2）越冬蜂巢的布置要根据蜜蜂越冬的习性来安排。即单王群越冬（图3-33），要把半蜜脾放在中间，大蜜脾放在两边，让蜂团在蜂箱的正中间结团。双王群（图3-34）应按一个大蜂群的形式来布置，即把半蜜

图3-33　单王群

图3-34　双王群

脾放在紧靠隔板的两侧，大蜜脾放在最外侧，这样可使两群蜂在靠隔板的地方结成一个椭圆形蜂团。

（3）越冬期间要通过箱外观察，留意蜂群越冬情况，并注意给蜂群遮光。

（二）室内越冬

室内越冬能够最大限度地减少蜜蜂越冬本身所需温度与外界气温之差异，不仅便于管理，而且越冬效果较好。对于室内越冬的蜂群其越冬室应清洁卫生，保持室温在4℃左右，越冬后期注意补充饲料和预防蜂群下痢。

1. **越冬室的条件** 较理想的越冬室须门窗严密，能保持室内黑暗，有调温设备及通风装置，容积以放置蜂群的数量确定（图3-35）。最简便易行的方法是用民房改造。房间设有前后窗户，便于夜晚打开通风；窗户上挂不透光的红黑布窗帘或双层粗麻布，以保持室内黑暗，地面干燥，最好是水泥地，没放过农药、化肥，无异味；地面用水冲洗干净，铺上无尘土的细沙或稻草；并设有电源插头。

图3-35 越冬室

2. **越冬室指标要求** 越冬室管理指标主要是指按照蜜蜂越冬所需要的容积、温度和湿度等方面的条件进行管理。

（1）**容积要求** 无制冷设备（空调机）时，每个蜂箱占0.4～0.9米^3，双箱体（继箱群）最低占用 $0.75 \sim 0.85$ 米^3；有空调（图3-36）时单箱体占用的容积可减少到 0.25 米^3。

图3-36　空　调

（2）**温度要求**　从蜜蜂生物学理论上讲应该是 $6 \sim 8℃$。如果越冬室保温性能好，在气温 $-20℃$ 以上时，不需要加热就可以维持适宜的室温。春季室温升高到 $6℃$ 以上时，需加大通风量。

（3）**湿度要求**　适宜的相对湿度为 $50\% \sim 75\%$，从外面进入的冷空气，在室内温度升高后，可增加容纳水蒸气的能力。空气过于干燥时，用加湿器喷出的水雾提高室内相对湿度。

（4）**二氧化碳浓度**　蜜蜂在不活动的状态下，耐缺氧及耐高浓度二氧化碳能力很强。越冬室内二氧化碳的浓度不宜超过 2%。当二氧化碳的浓度超过时，要用排风扇将积留在室内含有二氧化碳及水汽的污浊空气排出，同时从进气管自动吸入新鲜空气。另外，在内壁安装循环风扇，电扇连接聚乙烯导气管，管上均匀分布着小孔，使空气流出，分散到室内。也可在天花板安装吊顶电扇，使室内空气进行循环（图3-37）。

3.管理要点

（1）调整蜂群群势，布置越冬蜂巢，做记录，绘制蜂群在蜂场的摆放位置图，以便放蜂时仍按原位置摆放。

（2）在进入越冬室前须让蜜蜂做最后一次飞翔排泄。

（3）蜜蜂进越冬室的时间宜选在每年11月底或12月初外界气温稳定下降并开始结冰之时。

图3-37 越冬室内的排风装置

（4）室内温度以6℃±1℃为宜，相对湿度保持在60%～80%。如果温度过高则可通过打开窗户或排气扇降温；如果温度过低，则应缩小巢门，有条件的蜂场可以用空调调节温度。如果湿度不够可洒水或用加湿器加湿；若湿度过高，要通风排湿，或在地上撒草木灰、干木屑吸湿。

（5）要保持越冬室黑暗与安静。

（6）出越冬室步骤，一般在3月至4月中旬，外界温度达到8～10℃时让蜂群出室，南方略早。强群先出，弱群后出。春暖较迟，且气温多变的地区要在正式出越冬室前20～30天，选择晴暖无风天气，将蜂群搬出室外做一次短时间爽飞，再移入室内。蜂群出越冬室时应先用铁纱封死巢门（图3-38），待全部蜜蜂搬出摆好后再统一开门放飞。

图3-38 铁纱封巢门

（7）意外情况处理，蜜蜂越冬经常发生的问题是蜜蜂下痢和暴躁不安等，要采取相应的措施给予解决。

1）下痢 发生下痢的原因有多种：①可能发生了蜜蜂孢子虫病，故秋末冬初饲喂时，要加喂防治孢子虫病的药剂。②可能是因为饲料质量不佳，含铁锈的黑色蜜，烧焦蜂蜜，易结晶的油菜蜜以及甘露等不宜作蜂群越冬饲料。③多种复合因素造成。如空气过于干燥，在1月底或2月初，蜜蜂会骚动不安，消耗蜂蜜增多，使肠道积累的粪便增加，蜜蜂发出较高的嗡嗡声，可饲喂稀糖浆，安排蜜蜂排便飞翔，并在室内喷水雾，提高室内相对湿度。如果仅仅是底层的蜂群下痢，则是由于空气流动不畅。打开电扇，打开进气孔，开动排风扇排出沉积的二氧化碳。

2）暴躁不安 这种现象发生的首要原因是室温上升。通常第一次发生在1月中旬，第二次在2月中旬，表明蜂群内已开始育虫，并且湿度不够。如果在2月中旬发生，则饲喂稀糖浆，并用加湿器增加室内湿度。

（三）室内外越冬比较

与同地区室外越冬相比，室内越冬不仅安全顺利，而且蜜蜂的死亡率和饲料消耗率都大大降低。这是因为室内越冬更能满足蜜蜂越冬所需要具备的三大条件中的两大条件，即温度、安静和通风三大条件中的前两项。

（1）温度条件 蜜蜂越冬要结成蜂团进行保温，以减少散热，其蜂团的温度随着周围环境温度的变化而变化。在室内越冬的蜜蜂，其所处的环境温度在任何条件下都比同时处于室外的蜜蜂要高许多，为适应环境温度变化所消耗的饲料总比室外越冬的蜜蜂要少许多，寿命也要长许多。

（2）安静条件 很显然，室内比室外好，不仅安静而且黑暗，对蜜蜂越冬非常有利。特别是在早春，进行室内越冬的蜜蜂由于室内温度比较恒定，蜂王不会因为外界偶然出现的一些好天气而提前产卵。

（3）通风条件 现在进行室内越冬的蜂场只要在越冬室加上一些简易的通风烟囱或洞，就能够基本满足蜜蜂越冬的需要。因此，在我国的绝大多数地区还是室内越冬效果比较好。

三、基础管理

蜂群的基础管理不仅包括所有的日常管理活动，而且还包括部分与蜂产品现代化生产有直接关系的内容，非常重要。如果能够把蜂群养得又强又壮，则不仅能够实现优质高产，而且还能够减少蜜蜂疾病的发生，为蜂产品生产奠定良好的基础。

（一）基本要求

搞好饲养的目的是为了生产更多使消费者满意的蜂产品（图3-39）。为此，在蜂群的日常管理上：①患病的蜂群不得用于蜂产品的生产，用于蜂产品生产的设备、用具等应对人蜂无毒、无害。②在蜂产品生产期间，生产群不应该使用任何药物，同时在农作物及其他栽培蜜粉源植物施药期间，也不应该进行蜂产品的生产。③生产工作人员要身体健康、没有任何传染性疾病，并有良好的个人卫生习惯，在操作上要规范化、科学化、标准化。

图3-39　蜂产品

（二）检查蜂群

蜂群的检查主要分为全面检查和局部检查两种，目的是准确了解蜂群内饲料、繁殖、病虫害等情况，以便及时发现问题，并采取必要的措施解决问题，减少蜂群损失（图3-40）。

图3-40　蜂群的检查

1. 全面检查　在越冬定群、早春繁殖、夏季采蜜和转地放蜂前后须对蜂群进行全面检查，主要是了解蜂群中有无蜂王，产卵如何，蜜粉贮备，蜂脾比例以及有无病虫害等。检查应选在风和日丽，气温达到14℃以上时进行。在背阴处检查，每1～2周检查1次。春秋安排在中午，夏季安排在早晚，每次检查每箱蜂不得超过15分钟，整个过程动作要轻、快、稳，做到提脾直，不挤压蜜蜂，揭箱盖和提脾放脾轻而稳。提脾检查时，先用起刮刀撬动框耳（图3-41），再用手捏紧框耳垂直提至眼前稍稍保持倾斜察看，待看完一面后，要使脾面保持垂直地面（图3-42），以上框梁为轴心旋转180°再观察另一面。谨记检查时要避免脾面大幅度倾斜和随意翻转造成蜜粉外流或幼虫移位。

图3-41 起刮刀撬动框耳

图3-42 脾面垂直地面

2. 局部检查　局部检查是指通过抽查蜂群中有代表性的个别巢脾，迅速了解蜂群全面情况，此法省时省力，对蜂群生活干扰少，主要适于早春晚秋气温较低、蜜粉源缺乏等季节。检查的内容和方法有以下几个方面：

（1）查看贮蜜多少　方法是抽查边脾有无贮蜜或内侧第3脾有无边角封盖蜜（图3-43），若有则说明贮蜜多，否则贮蜜少。

图3-43　边角封盖蜜

（2）观察有无蜂王（图3-44）　方法是抽查中间虫脾，若有卵虫，则说明蜂王健在；若发现工蜂惊慌振翅，没有小幼虫和卵，则说明蜂群失王。

（3）了解蜂脾状况　检查边二脾，若其上有八九成蜜蜂，卵圈已达边脾，边脾存蜜，即需加脾，否则应减脾。

（4）检查蜂子发育（图3-45、图3-46）　抽查中间1～2个子脾，若幼虫色泽鲜亮饱满，蛹房整齐，则说明蜂子发育正常；若幼虫干瘦，甚至变色、变味、变形，卵、虫、蛹交错混杂，则说明蜂子发育不良，需做进一步处理。

图3-44　观察有无蜂王

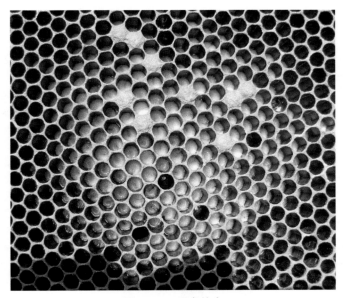

图3-45　观察幼虫

3. 箱外观察　箱外观察主要用于越冬、早春或晚秋等不宜开箱检查的季节了解蜂群内部状况。观察内容和方法是：

（1）观察贮蜜多少　通过搬提蜂箱（图3-47）（蜂箱自重7～8千克，

图3-46　查看蛹房

图3-47　搬提蜂箱

一个满蜜脾约重2千克）估计其中贮蜜多寡。若同时发现巢门口有驱赶雄蜂现象，则说明箱内缺蜜。

（2）**了解是否失王**　在生产季节，若工蜂采蜜采粉出入正常（图3-48），表示蜂王健在；若出入蜜蜂减少，且无采集蜂出入，则有可能失王。

图3-48　采粉正常的蜂群

（3）**查看群势强弱**　若发现巢门口出入蜂呈拥挤状，且傍晚有许多蜂簇拥在巢门口说明群势强；否则说明群势弱。

（4）**察看病害情况**　若巢门口有幼虫病尸如白垩病等，或成年蜂爬行无力、肢体不全等现象，则说明该群蜂发生病害，应立即进行全面检查，采取有效措施予以处理。

（三）快速春繁

指早春蜂群开始繁殖时，不论蜂箱中有几框足蜂，在蜂箱中的繁殖区只放一个特制的粉脾供蜂王产卵，而在隔板的外侧放一个蜜脾供蜜蜂采食以及部分成年蜂栖息。这种繁殖区只放一张产卵脾开始繁殖并分成冷暖两区管理的饲养方式叫作单脾分区快速春繁技术，其管理要点如下：

1. 换脾缩巢，分区饲养　首先，将越冬期巢内的子脾、空脾、结晶蜜脾、发酵蜜脾等不良蜂脾统统用准备好的刚刚用过一年的浅褐色巢脾撤换出来（图3-49）。然后，将巢箱分为产卵区和饲料区（部分成年蜂栖息区）。产卵繁殖区不论有几框蜂均放一张产卵脾，而隔板外侧的饲料区则置一张人工灌制的蜜粉脾（图3-50）。

图3-49　浅褐色巢脾

图3-50　灌制蜜粉脾

2. **适时加脾，迅速扩巢**　单脾开繁的蜂群，要在子脾边缘呈现大幼虫时加第一张脾，待加脾上出现幼虫时，开产的那张脾已成封盖蛹脾（图3-51），蜜蜂便集中力量哺育第二张虫脾。待第二张虫脾封盖后，第一张子脾上的第一代新蜂陆续出房，此时撤除中隔板，将两区合为蜂脾相称的繁殖群，此后加脾最好是迎着蜂王产卵圈依次往外加，不让蜂王产回头卵。加脾时间间隔应视群势、子面和外界蜜粉源及气温而定，按"三加三不加"和"先慢后快"的原则加脾扩巢。即外界蜜粉源多时加脾，少时不加脾；蜂王产卵面积达巢脾的80%以上时可以加脾，否则不加脾；群势密集时加脾，稀疏时不加脾。繁殖初期加脾速度要慢，待新蜂大量出房，哺育蜂增多时，加脾速度可适当放快。

图3-51　封盖蛹脾

（四）合并蜂群

无论是蜜蜂越冬、春繁，还是采蜜，都必须拥有一定的群势。这就使我们不得不打破群界把部分弱小蜂群或无王群合并成群势符合要求的蜂群。合并蜂群的关键是要混合所要合并蜂群的气味，用蜂王诱入器（图3-52）保护好蜂王，最好选择傍晚时进行。合并蜂群时应遵循邻群合并，弱群并入强群，无王群并入有王群等原则。

图3-52　蜂王诱入器

1. 直接合并法　将有王群的巢脾和蜜蜂先靠在蜂箱的一边，再把无王群的巢脾放在蜂箱的另一边，两群中间保持一框蜂距离或在两群中间放一隔板（图3-53），第二天直接靠近即算合并结束。此法适于早春蜜蜂活动能力较弱时及大流蜜季节。

图3-53　隔　板

2. 间接合并法 将有王群放在巢箱，将要并入的蜂群放在继箱，两者之间放一铁纱副盖或一张钻有许多小孔的报纸（图3-54），这样经过1～2天，群味相混后，抽走铁纱盖或报纸合并即成。合并时向蜂体身上喷些蜜水或烟雾会更安全一些。此法适于蜜源缺乏、失王过久或巢内老蜂多子脾少等情况。

图3-54　间接合并法

（五）诱入蜂王

更换或补充新蜂王，并使工蜂接受，称为蜂王的诱入或介绍蜂王。

1. 直接诱入法 在蜜源丰富季节，无王群极易接受外来蜂王，可选傍晚时分将要介绍的蜂王喷些蜜水，直接放在巢门口或框梁上让其自行爬入即可。或者将交尾群中一框连蜂带王的子脾直接放在箱内隔板外侧，1～2天即可诱入成功。

2. 间接诱入法 给失王已久、蜂多子少的蜂群介绍蜂王应采用间接诱入法。提前1～2天补充幼虫脾，然后将蜂王放入诱王器中置入无王群，过1～2天当发现蜜蜂开始饲喂蜂王时，说明间接诱入蜂王成功。给强群中诱入蜂王，应把蜂箱搬离原位，把部分老蜂分离出去以后再诱入蜂王这样比较容易成功。在断蜜期诱入蜂王，最好提前两天连续给无王群饲喂糖浆，无王群会比较容易接受新王。

对于价格昂贵的种蜂王，最好采用幼蜂介绍法。即把蜂王和伴随蜂王的工蜂放进没有成年蜂、正在出房的2～3张老熟封盖子脾上，置于继箱（图3-55），中间用铁纱副盖把它与放在巢箱的无王群蜜蜂隔开。这样经过2～3天，待继箱中出房幼蜂增多，蜂王腹部膨大，开始产卵，再将巢箱中全部王台破坏掉，最后抽走铁纱副盖即成。

图3-55　继箱群

3. **蜂王的解救**　诱入蜂王后要尽量少开箱检查蜂群，以免引起围王，如需了解情况，可以进行箱外观察。当看到蜂群采集活动正常时说明蜂王已被工蜂接受；当发现蜂群采集活动失常时，应立即打开蜂箱检查，若发现蜂王被围时，应迅速把它取出，喷以蜜水、清水或烟（图3-56），甚至可以投入凉水中，驱散蜜蜂，解救出被围蜂王。然后再将蜂王重新放入诱王器直至蜜蜂接受为止。为了使蜂王尽快被蜂群接受，每晚可对蜂群进行奖励饲喂。

图3-56 喷烟法

（六）添加继箱

当外界蜜粉源丰富，气候温暖稳定，蜂群中有6～7张子脾，7～8框足蜂时，就应考虑为蜂群加继箱了（图3-57）。加继箱不仅可以给蜂王

图3-57 添加继箱

提供更大的产卵面积，加快蜂群的繁殖，而且还可以给工蜂提供必要的贮蜜空间，促进生产发展。加继箱初期要注意巢箱繁殖区要做到蜂脾相称或蜂略多于脾，以免子脾受冻。

加继箱的方法是：从巢箱内先抽2张老封盖子脾，1张卵虫脾，2张蜜粉脾，蜂脾排列次序是卵虫脾放中间，两边老熟封盖子脾和蜜粉脾各1张，以利保温。巢箱保留3～4张卵虫脾或新封盖脾，在中间插入一张产卵脾，保留或添加1张蜜粉脾。随着气温升高和新蜂不断出房，再逐渐添加各种巢脾，扩大蜂巢，加快蜂群发展。

（七）人工分蜂

从一个或几个蜂群中，抽出一些子脾、蜜粉脾以及数框蜜蜂组成一个新蜂群，并诱入蜂王或王台，称为人工分蜂。人工分蜂是蜂场有计划增殖蜂群，扩大养殖规模的有效措施。

1. 一分为二　取一空蜂箱置于原群旁边（图3-58），然后，从原群提出一定比例的子脾、蜜粉脾和蜜蜂放入空蜂箱中，同时将原群向另一侧

图3-58　人工分蜂

移动约一个箱位；次日给新分群介绍进一个新产卵王或成熟王台，分群即告完毕。此法适于前一流蜜期刚刚结束，后一流蜜期至少还有45天才能到来时。缺点是蜂群发展速度较慢。

2. **联合分蜂**　在若干个蜂群中各抽出 1～2 框带蜂的蜜粉脾或子脾，共同组成一个新蜂群，过 1～2 天再给新蜂群介绍新产卵王或成熟王台，分蜂即完结。分蜂时要注意给新群多抖些幼蜂，以免老蜂飞回原巢，新蜂群蜜蜂太少。此法的优点是对原群影响小，缺点是容易传播病害。

3. **补充交尾群**　方法与联合分蜂法相似，只是不用再给新分蜂群诱入蜂王。具体做法是，从若干蜂群中各抽 1～2 框抖掉老蜂的蜂盖子脾，连同幼蜂一起加入交尾群。这样交尾群很快就发展成群势强大的采蜜群。这种方法既不影响原群，又能使新蜂群很快壮大，故常被养蜂者采用。

（八）防治盗蜂

秋末蜜源缺乏，蜜蜂之间会将觅食目标转向同类或存放蜂蜜、花粉等食物处，彼此盗取对方的食物，造成蜂群生活秩序大乱，双方蜜蜂打架，死伤无数。

防治盗蜂要以防为主。首先要结合繁殖越冬蜂工作，始终保持蜂多于脾，因为密集的群势（图3-59）可以大大加强彼此的防卫能力，使双

图3-59　群势密集的蜂群

方都不敢轻举妄动，此法可有效扼制盗蜂现象发生。其次是不要使任何蜜汁流出箱外。

一旦发生盗蜂，可将被盗群巢门缩小，并放上树枝、青草（图3-60），或安上防盗门。也可在被盗蜂群的巢门口抹上煤油、樟脑油或驱蚊剂等驱避剂。如果盗蜂严重，并且是一群作盗另一群蜂，这时可将两群蜂互换位置。如果是数群蜂作盗一群蜂，则可于夜晚把被盗群搬走，原位放一装有空脾的蜂箱，并在巢门口装一外径与巢门高低相同的长一点的小竹筒，同时堵塞好周围的所有缝隙，使盗蜂只能进不能出；待傍晚将其搬至3千米以外的场地暂放几天，等原场盗蜂平息之后，再将其搬回，用间接合并法并入弱群。如果蜂场发生多群互盗，最好是将其都搬到3千米外的地方，待数日后盗蜂平息再搬回原地。

图3-60　防盗蜂措施

（九）大卵育王

实践证明，用大卵培育出来的蜂王个体较大，产卵力较强。要想用大卵培育蜂王，首先要让母本蜂王产大卵，其关键是控制蜂王产卵速度，使其少产卵，甚至是停止产卵。在移虫前10天，将母本蜂王用框式隔王栅（图3-61）严格地控制在蜂箱的一侧，在控制区放一张蜜粉脾，一张

图3-61　框式隔王栅

大幼虫脾和一张小幼虫脾，每张巢脾上几乎没有产卵空巢房供蜂王产卵，以迫使蜂王尽快停产。在移虫前4天，从控制区抽出一张子脾，同时加进一张浅棕色的优质空巢脾供蜂王产卵。这时蜂王产的卵个体较大，而用该卵孵化后的幼虫育王，就能培育出个体较大的蜂王。

　　移虫育王的方法是，首先将人工王台基用蜂蜡或木工胶粘在育王框（图3-62）的台基条上，将育王框插入养王群中（图3-63），让工蜂整理

图3-62　准备育王框

51

2 ～ 3小时后取出，扫落上面的工蜂，此时便可开始给王台基中移虫。移虫工作应在气温25 ～ 30℃、无风、湿度较大的环境中进行。移虫分单式移虫和复式移虫两种。单式移虫就是只往王台基中移一次虫（图3-64），方法比较简便，但育出的处女王质量一般不及复式移虫育出的蜂王好。

图3-63　将育王框插入养王群中

图3-64　单式移虫

复式移虫就是把单式移虫已接受的小幼虫从王台基取出（图3-65），重新再移入一个小幼虫，这种方法培育出的处女王质量较高。其次是移好虫以后，为了提高移虫的接受率，一般要提前1天组织好养王群，使无王区蜜蜂产生育王的欲望，并在准备放育王框的地方空出一个巢脾的距离，在插框前2～3小时喷些蜜水，诱蜂聚集，提高接受率。

图3-65　复式移虫

（十）交尾群

交尾群是让处女蜂王羽化、交尾和产卵暂时生活的一种小蜂群。组织时间一般在移虫育王后10～11天，即蜂王羽化前1～2天进行。组织方法是从强群中抽出一个带幼蜂的老熟封盖子脾和一个蜜粉脾放入交尾箱，并适量抖入一些幼蜂，再把王台放在事先安排好的位置，一个小交尾群的组织工作即告完成。

交尾群诱入蜂王后的主要管理工作是观察蜂王交尾产卵情况，以及饲料是否充足等。当发现处女王尾部拖着一个长长的白线或雄蜂的生殖器归来，说明交尾成功，然后过2～3天观察蜂王是否产卵，若蜂王开始正常产卵则说明该蜂王已经具备了商业价值，交尾群的管理工作也就结束了（图3-66）。

图3-66　正常的卵脾

（十一）主副群

在养蜂生产中，人们把蜂场中的蜂群有计划地分成两种，一种是群势较强，专门用于采蜜和生产蜂王浆的，称为主群；另一种是群势较小，专门用于繁殖，为生产群即上述的主群不断地补充老熟蜂盖子脾，为生产蜂王浆提供幼虫，这种蜂群被称为副群。主副群比例一般为1：1或2：1，可根据蜂场的具体情况而定。

主副群的组织方法是，从早春出越冬室开始，或转地饲养摆放蜂群开始，就要有计划地将群势强弱不等的2～3群蜂作为主副群放在一起饲养。在主要蜜源开花前半个月，将副群中的所有老封盖子脾全部给主群，同时将主群中的卵虫脾换给副群。主群得到的老熟封盖子脾（图3-67）在半个月后陆续羽化出房，它们不仅壮大了主群的采蜜力量，而且还是最适龄的采集蜂；而副群在抽走老熟封盖子脾后，使其群势经常维持在5～6框足蜂的最佳繁殖状态，能够充分发挥繁殖潜力，确保主群有源源不断的新生力量。

图3-67 老熟封盖子脾

（十二）双王群

将巢箱用框式隔王板隔成两区，或用平面隔王板（图3-68）将继箱和巢箱隔成上下两个区，每区各有1只蜂王进行繁殖生产的蜂群组织形

图3-68 平面隔王板

式，叫作双王群。由于双王群用两只蜂王繁殖，蜂群发展速度很快，是养蜂生产中养强群、夺高产的有效措施之一。

1. **巢箱组织方法**　将巢箱用框式隔王板或闸板一分为二隔成两个区（图3-69），每区各留2～3框蜂，最好用同龄蜂王，各开一个巢门，双王群的初步组织工作即结束。当两区的群势均发展到4～5框蜂时，即可开始上继箱，此时巢箱和继箱中间要用平面隔王板继续把两个蜂王限制在各繁殖区（图3-70）。加继箱时要从每区各抽2～3张蛹脾和1张蜜粉脾放在继箱中，同时给巢箱中补入空脾。

2. **继箱组织方法**　继箱双王群一般是在巢箱双王群的基础上组织起来的。当巢箱双王群繁殖到加继箱阶段时，将其中的一群蜂整个提到继箱中，继箱开后巢门，巢箱和继箱中间先用铁纱隔开，1周后换成平面隔王板。

3. **管理方法**　主要是要处理好繁殖与采蜜的矛盾。因为双王群内部子脾多，内勤哺育蜂负担很重，在大流蜜期前10天左右必须限制蜂王产卵，只有这样才能取得高产。另外，在繁殖期还要注意及时调整双王群巢脾，一方面，要适时补充空巢脾，为蜂群提供产卵空间；另一方面，

图3-69　将巢箱用框式隔王板或闸板一分为二隔成两区

图3-70　平面隔王板继续把2个蜂王限制在各繁殖区

因幼蜂和幼虫的饲料消耗大，要注意巢内的饲料贮备，及时补加蜜粉脾或进行饲喂。

（十三）多箱体

多箱体养蜂是指利用两个以上的箱体供蜜蜂栖息、储蜜和繁殖的养蜂方法。该法在养蜂管理上简便易行。方法是用浅继箱生产蜂蜜，在生产季节只要每隔1周左右在巢箱上加一个放满空巢脾的浅继箱供蜜蜂贮蜜即可。由于多箱体养蜂一般不调整巢脾，其管理以箱为单位，一般仅有加继箱一项工作，适合于机械化运输、采蜜和劳动力成本较高的地方。采用多箱体养蜂生产的蜂蜜浓度高、品质好，但蜜源条件不好的地方不宜采用。

四、周年管理

（一）消长规律

蜜蜂生活的最适气温是15 ～ 25℃，蜂王在巢内产卵，工蜂采集花蜜、哺育幼虫，整个时期可称为繁殖期或生产期。当气温长时间处于10℃以下时，蜂王停止产卵，蜜蜂停止或减少活动，在巢内开始结团，进入断子越冬期。蜜蜂在繁殖期或生产期，日产卵1 500粒左右，蜜蜂羽化数量超过死亡数，此期是由恢复期至强盛期的过渡。当外界蜜源渐少，气温不断下降，蜂群中老蜂死亡数超过了出房的新蜂数或繁殖数，蜜蜂即由强盛期开始过渡到越冬期。

因此，在温带地区的蜂群发展一般从早春繁殖到秋后越冬休眠要经历复壮、强盛、渐减和越冬几个阶段。在山西地区，一般2月底3月初到4月底5月初为蜂群的复壮阶段，蜂群逐渐发展，达到采蜜群势。5月之后一直到9月初为强盛阶段，蜂群群势较强，具有生产能力。随后气温渐低，蜜源渐少，蜂群进入越冬期。

（二）春季

1. **具体要求**　①在蜂场必须设置喂水器并定期清洗消毒（图3-71）。②对蜂群进行全面检查，清除箱底死蜂、蜡渣、霉变物，保持箱体清洁。③在蜂群繁殖过程中要密集群势，保持强群繁殖。④在蜂群治螨过程中，用药应符合农业部相关规定。⑤根据蜂场所在地气候特点进行箱内或箱外保温。⑥适时补饲或奖饲，低温阴雨天气要给蜂群巢门喂水。⑦适时扩大

图3-71　喂水器

蜂巢，加速蜂群群势增长。

2.**管理方法**　在春季恢复发展时期，蜂群管理工作的主要任务就是给蜂群创造更加有利的条件，使蜂群尽快恢复到强盛阶段。

（1）**箱外观察**　早春气温较低，且变化较大，开箱检查会影响蜂群的正常生活，所以，利用冬末或早春蜂群出箱排泄飞行时进行箱外观察，以了解蜜蜂越冬情况非常重要。

正常情况下，蜜蜂在整个越冬期处于半休眠状态，只靠采食少量的食物维持其本身所需要的最低越冬能量，不必出巢排泄。北方进行室内越冬的蜂群，由于越冬期漫长，在越冬期末，蜜蜂腹中贮积的大量粪便易导致蜂群骚动不安，蜂王过早产卵。因此，必须在正式出越冬室前20～30天，选择气温10℃以上晴暖无风天气，将蜜蜂搬出室外，让其进行飞翔排泄，之后再搬进越冬室。此时需注意将脾间距离扩大到15毫米以上，以防排泄后蜂王过早产卵。

在蜜蜂排泄飞行的同时，注意进行必要的箱外观察。越冬顺利的蜂群，蜜蜂飞行早而有力，数量较多。若发现工蜂体色暗淡、飞翔无力，则说明此群蜂势较弱；如果巢门口有下痢痕迹则说明该群蜂患了下痢病；若巢门前有结晶蜜粒、死蜂较多，则是缺蜜饥饿群；若巢门口有许多蜂表现惊慌振翅等反常现象，同时侧耳细听箱内有混乱声，则表明该群蜂失王。对出现上述异常的蜂群要迅速处理。方法是：对于弱群应及时合并；对下痢群要更换饲料和箱内保温物，密集群势使蜂多于脾；对于无王群则要乘蜜蜂尚未大量活动之前直接诱入蜂王，或者并入有王群；对于饥饿群则要立即换入蜜脾，或者在傍晚补喂饲料。

（2）**快速春繁**　内容详见基础管理中的快速春繁技术。

（3）**防病治螨**　美洲幼虫腐臭病、欧洲幼虫腐臭病和大小蜂螨是危害蜜蜂的几种主要病虫害，早春是防治病虫害的有利时机，必须抓紧抓好。具体措施可参考第五章蜜蜂病虫害防治中的相关内容。

（三）夏季

1.**具体要求**　①要定期全面检查，毁掉自然王台，加强通风，防止自然分蜂。②采用遮阳、洒水等措施为蜂群生产和繁殖创造适宜温度、湿度条件（图3-72、图3-73）。③采取转场等措施防止蜜蜂农药中毒和农药污染蜂产品。

图3-72　凉棚下的蜂群

图3-73　蜂场洒水

2. 管理方法　夏季管理的主要任务是为蜂群创造最佳的巢内外环境，以尽可能地保持群势，发展生产，为秋季大流蜜期培育适龄采集蜂。

（1）遮阳、通风、喂水　夏季日照时间长，气温高而干燥，对蜂群繁殖和生产很不利。所以，在夏季应及时搭凉棚，或把蜂群放到树荫下面，避免阳光直射；设喂水器，每天须换清洁水（图3-74、图3-75），为蜂群创造理想的越夏条件，以缓解高温对蜂群的危害。

图3-74 树荫下的蜂群

图3-75 夏季蜂群喂水

（2）缺蜜补喂，维持群势 在整个夏季，全国南北各地蜜源条件普遍较差，因此，应及时给蜂群补喂蜜粉饲料。此时补喂，应在饲料中多兑些水，即每500克蜜兑150克水，每500克糖兑300克水。补喂方法是每天或隔天喂蜜水或糖水500克，直至外界新蜜采进或蜂群内贮蜜有富余时停止。若蜂群缺粉则还应补喂花粉，办法是在花粉中加入一定量的蜂蜜制成花粉饼，将其放在蜂巢中的框梁上，让蜜蜂自由采食（图3-76）。

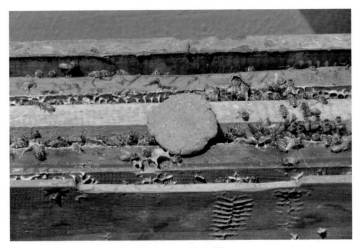

图3-76　花粉饼

（3）**更换老王，促进繁殖**　春末夏初，应培养大量新王以更换老王，以提高蜂群对夏季不良条件的抗逆性，维持最佳的生产力。

（四）秋季

1. **具体要求**　①适时停止蜂王浆生产，采取适当措施促进蜂群繁殖。②适时断子，防治蜂螨。③留足越冬饲料，越冬饲料中不应含有甘露蜜。

2. **管理方法**　秋季蜂群管理是蜂群能否越冬的重要环节和春季蜂群恢复的基础，要做好以下几项工作：

（1）**更换蜂王**　春末夏初培育的蜂王，经过一年生产，不仅产卵下降，而且越冬死亡率高，翌年春季产卵高峰持续时间短。因此，必须在秋季最后一个蜜源期培育一批优良的新蜂王，更换所有老劣蜂王。具体做法是：从大群内抽1～2个封盖子脾和1个蜜粉脾带蜂提出，组成交尾群，安上成熟王台，待新王羽化交尾产卵之后10天左右，杀死原群老王，第2天把新王小群并入原群。合并蜂群时宜采用间接合并法。

（2）**培养适龄越冬蜂** 所谓适龄越冬蜂，是指秋末羽化出房的没有参加过任何采集活动和没有或很少参加哺育幼虫工作，而进行了飞行排泄并保持生理青春的工蜂。适龄越冬蜂的多寡，直接关系到蜂群能否安全越冬和来年春繁效果。为了保证越冬蜂的数量和质量，在秋季培养越冬蜂时必须做到蜂强群壮、饲料充足和适时断子。

（3）**饲喂优质饲料** 越冬饲料质量的优劣也是关系蜜蜂越冬成败的关键因素之一。因此，在大流蜜期留出大量封盖蜜脾作为越冬饲料（图3-77），这些饲料绝大部分能够被蜜蜂吸收，积存粪便少，能减轻越冬期蜜蜂肠道负担，延长蜜蜂寿命。越冬饲料的数量主要取决于蜂群越冬时间的长短、群势的大小和经营方式。一般每脾蜂每个月需要越冬饲料500克左右。

图3-77 封盖蜜脾

（4）**防治蜂螨** 秋季蜂群的群势开始下降，封盖子脾逐渐减少，但此时气温和巢内条件正符合蜂螨的繁殖，其寄生率呈上升趋势，蜂螨不仅影响越冬蜂质量，而且使越冬蜂骚动不安。因此，秋季治螨很重要。秋季治螨分两个阶段，第一阶段是在培育越冬蜂之前进行。结合秋季育王，将原群中所有封盖子脾提出，组织交尾群，然后对原群用复方杀螨剂喷治。当交尾群交尾成功后，蜂群内封盖子也基本全部出房，这时再对交尾群治螨。第二阶段是在繁殖越冬蜂后囚王断子时进行，此时群内没有封盖子脾，可选用各种杀螨剂杀灭蜂螨。

（5）预防盗蜂 秋末蜜源缺乏，蜜蜂之间会将觅食目标转向同类或存放蜂蜜、花粉等食物处，引起盗蜂。彼此之间互盗会导致蜂群生活秩序大乱，且死伤无数，必须加以防止。

五、转地放蜂

转地放蜂（图3-78）是指一年四季蜂群转战大江南北，追花夺蜜，主要包括大转地和定地结合小转地两种方式。大转地能充分利用蜜粉资源、全年发挥蜂群生产潜力、实现养蜂专业化生产，但运输成本高，蜜粉源开花泌蜜规律较难掌握，有时会导致高投入低产出。这种生产方式生产的蜂产品价格受市场影响较大，因缺乏仓储设施，经常不得不以较低价格卖给当地的收购部门，易出现高产出、低收入的问题。

定地结合小转地（图3-79）放蜂是指以定地养蜂为主，在附近100 ~ 200千米小转地饲养为辅的饲养方式。这种饲养方式的最大好处是饲养成本较低，人均饲养蜂群数较多，蜜粉源泌蜜规律容易掌握，因自备仓储设施不必就地处理蜂产品，效益好。

图3-78 转地蜂群

图3-79　定地蜂群

1. 蜂群运输

（1）准备　装运蜂群前首先要搞好蜜粉源调查工作，确定转运目的地和转运距离，根据距离远近预定采用火车运输还是汽车运输（图3-80）。一般距离超过500千米的用火车运，500千米以内用汽车运。转地前2～3天对蜂群进行最后检查，合并无王群，检查蜂群，均衡群势，留

图3-80　汽车运输

足饲料。在起运前1 ~ 2天完成包装工作，把巢脾与蜂箱、继箱与巢箱固定好，注意检查蜂箱是否结实，纱窗、纱帘通风性能如何。同时，还要注意带上转运途中需要的工具（图3-81、图3-82），如喷水器、喷烟器、面网、起刮刀、铁锤、铁钉等生产用具。转运前一天晚上，关闭巢门。

图3-81　转运保护工具

图3-82　转运途中需要的工具

（2）**途中**　近年来，随着公路交通的发展，绝大多数人采用汽车运蜂。汽车运蜂装运和管理简单方便。特别是夏季炎热季节，适于用汽车运输。夏季运蜂，应傍晚装车，夜间行走，尽量避免因高温闷死蜜蜂。如果路途很远，宜夜行昼宿，并在停车时找有树荫和水源的地方把蜂箱搬下来，让蜜蜂飞翔1天，晚上再走。走山路和土路时车速要慢，以减少震动。若必须白天行车，则中午就餐时，一定要把车停放在树荫下，并且行车时间要尽可能短。途中要注意通风和适时喂水，必要时打开巢门，放走老蜂。

转运途中，若发现蜜蜂堵塞了气窗，并且用上颚死咬铁纱，发出吱吱声和特异气味，说明该群蜂快被闷死了，此刻要毫不犹豫地打开巢门或捅破气窗让老蜂飞走，以免全群覆没。如果转运的蜂群强壮、子脾多、蜜粉足，外界气温又高，此时要采用开巢门运输法，放走那些容易造成蜂群骚动的老蜂。

2. 放蜂线路

（1）**东线**　每年元旦前后蜂群在福建、广东开始繁殖，到2月底或3月初到浙江和安徽南部采油菜蜜，4月中旬继续到江苏南部采甘蓝型油菜或者是采紫云英蜜，之后到苏北或山东采5月初的刺槐蜜，6月北上吉林和黑龙江椴树产地利用山花繁殖采蜜群，7月在当地采椴树蜜，8月底或9月初在吉林、辽宁或去内蒙古采向日葵蜜，11月中下旬再返回福建或广东繁殖蜂群。

（2）**中线**　11月底或12月初到广东或广西利用油菜和紫云英蜜源繁殖蜂群，次年2月底到湖南、江西采油菜蜜，3月底到江西中部、湖南洞庭湖区和湖北采紫云英蜜，4月下旬到河南采洋槐蜜，5月下旬采枣花蜜，6月中旬到北京、河北和山西等地采荆条蜜，7月底或8月初到内蒙古采向日葵和荞麦蜜，最后再返回两广繁殖蜂群。

（3）**西线**　12月初到云南利用早油菜花期繁殖，次年1月底或2月初到四川成都和重庆一带采油菜蜜，3月下旬到陕南采油菜蜜，4月到汉中盆地或甘肃境内采油菜蜜，5月后继续在当地采白刺花、洋槐、紫苜蓿及山花蜜，7月去青海采油菜蜜或进疆到吐鲁番采棉花蜜。

（4）**南线**　2月下旬蜂群去江西或安徽南部采油菜蜜，4月初到湖南北部、江西中部采紫云英蜜，5月到湖北采荆条蜜或从湖南和江西转入采洋槐、枣花和芝麻蜜，7月底返回湖北江汉平原或湖南洞庭湖平原采棉花蜜。

六、蜜蜂授粉

在养蜂业发达的国家，蜜蜂授粉（图3-83、图3-84）作为一种商品化程度非常高的产业受到政府和养蜂人的重视，已经成为一种实现农业

图3-83　蜜蜂授粉

图3-84　蜜蜂授粉专用箱

增产、养蜂人增收和生态环境改善的多赢产业。据美国农业部统计，美国的蜂产品产值为1亿美元，而蜜蜂授粉所创造的产值是100亿美元。可见，通过蜜蜂授粉创造的产值远远高于蜂产品的产值。很多农业较发达的国家发展养蜂业的目的就是为农作物授粉，将生产蜂蜜等蜂产品作为副业。

目前，蜜蜂授粉在我国也已经出现了产业化发展的良好势头，受到了各方面的重视，其发展前景非常广阔。利用蜜蜂授粉应注意以下几个问题：①种植业区要尽量避免在花期使用农药，这时用药不仅使养蜂者的蜜蜂中毒死亡，而且会使农作物因授粉不足而减产。②要注意合理地安排蜂群。作物面积在70公顷以下的，可将蜂群排列在授粉地段的任何一边；若面积超过70公顷或地段长度超过2千米时，则应将蜂群分组排列在地段中央和两端，每组放20 ~ 30箱蜂，以便蜜蜂能更方便地为作物授粉。③要有足够的授粉蜂群，一般一箱蜂可为约0.3公顷的油料作物授粉，为约0.5公顷的果树授粉，为约0.4公顷的牧草授粉，为约0.6公顷的瓜类授粉（图3-85、图3-86）。

1. 果实类蔬菜 蜜蜂为温室作物授粉（图3-87）应注意以下几个问题：①蜂群的群势要与温室中授粉作物面积相适应，以确保授粉充足；②要用该作物的花朵浸泡糖浆饲喂蜜蜂，诱导训练蜜蜂授粉；③应在傍

图3-85 蜜蜂为西瓜授粉

图3-86 蜜蜂为向日葵授粉

图3-87 西瓜大棚

晚把蜂群运进温室，使其逐渐适应周围环境；④应把蜂群放在离地面有一定高度的支架上，并及时补足老熟封盖子脾，避免潮湿和授粉蜂减少；⑤要为蜂群设置清洁水源，并防止蜜蜂农药中毒。

通过蜜蜂为温室中作物授粉，可使黄瓜增产28%～40%、冬瓜增产

80%、苦瓜座果率达90%以上、西葫芦增产22%。

2. 保护地作物制种

①蜂群进入纱罩内或温室等保护地前（图3-88），需将蜜蜂隔离2~3天，使蜜蜂把自身所带的外来花粉精理干净，以免引起品种混杂；②防止蜜蜂飞出保护地从外界采粉，引起植物品种杂交，失去制种意义。其他授粉措施与利用蜜蜂为温室作物授粉相同。

图3-88　纱罩内授粉蜂箱

第四章　蜜粉资源及常用饲料

一、蜜粉资源

（一）主要蜜粉源

凡能为蜜蜂提供花蜜、蜜露和花粉的植物，统称为蜜粉源植物，简称蜜源植物。主要蜜源植物是指数量多、分布广、花期长、泌蜜量大、蜜蜂喜欢采并能为人们提供大量商品蜜的蜜源植物。我国的主要蜜源植物有油菜、荔枝、龙眼、紫云英、柑橘、洋槐、白刺花、荆条、椴树、枣树、向日葵等几十种，遍布大江南北，黄河两岸。

1. 油菜　是我国栽培面积最大、分布区域最广和品种类型最多的蜜源植物之一，也是春季繁殖蜂群的最佳蜜源植物。油菜花期由南向北逐渐推迟，最早的是广东和福建，为12月份，最晚的是黄河以北，为7月份（春油菜）。花期为20～30天，蜜粉丰富，群产蜜量为10～30千克（图4-1）。

2. 荔枝　主要生长在广东、广西、福建、海南和我国台湾等地。花期为2～4月份，泌蜜适温20～28℃，低于16℃或高于32℃时泌蜜减少或停止。有大小年现象，群产蜜量10～20千克，丰年群产蜜量30～40千克（图4-2）。

3. 柑橘　主要分布于四川、福建、广东、广西、浙江、江西和湖北等地，多数品种在4月中旬至5月上旬开花，群体花期约20天。开花泌蜜适温为22℃左右，相对湿度以75%时泌蜜量最大。意蜂群产蜜量约20千克，中蜂群产蜜量约10千克（图4-3）。

4. 洋槐　主要分布于苏北、山东、山西、河南、河北、陕西、甘肃和北京等黄河流域及其以北地区。花期在4～6月份，泌蜜适温27℃左

图4-1　油菜蜜源　　　　　　　　（祁文忠　摄）

图4-2　荔枝树　　　　　　　　（李静明　摄）

右，受大风和寒流等大气影响很大，常年群产蜜量可达20～40千克，但遇寒流和大风天气则有可能减产或绝收（图4-4）。

图4-3　柑　橘　　　　　（李静明　摄）

图4-4　槐花林

5. 荆条　主要分布在华北地区，耐寒、耐旱、耐瘠、适应性较强。花期在6～7月份，群体花期30天左右。泌蜜适温25～28℃，在夜间高温、高湿和闷热的情况下，第2天泌蜜较多。一般荆条产量稳定，群产蜜量可达20～40千克（图4-5）。

图4-5　荆条蜜源

6. 椴树　以长白山和小兴安岭林区最多。花期在7月份，群体花期30天。泌蜜适温22～25℃，在高温高湿的天气条件下泌蜜量较大。一般年份群产量为20～30千克，丰年群产蜜量可达50千克以上，具有明显的大小年现象（图4-6）。

7. 枣树　主要分布于山西、山东、陕西、河南和河北等省。花期为5月上旬至6月上旬，华北平原最佳泌蜜温度为26～32℃，在黄土高原则为28～31℃。群产蜜量可达15～30千克（图4-7）。

（二）辅助蜜粉源

辅助蜜源植物是指那些能被蜜蜂利用、分泌花蜜和花粉数量较少，只能维持蜜蜂本身生活和繁殖的蜜源植物，在我国大约有上千种，在这里作一简要介绍（表4-1至表4-5，图4-8至图4-20）。

图4-6　椴树蜜源

图4-7　枣树蜜源

表4-1 树木类辅助蜜源植物

通 名	主要形态特征	花期（月份）	蜜	粉	生境分布
油松	常绿针叶乔木，穗状花序	4～5		+	山区
落叶松	落叶乔木	4～5		++	山区
山杨（图4-8）	落叶乔木，花先于叶开放	3～4		+	各地同属有毛白杨、银白杨等
旱柳	落叶乔木，葇荑花序	3～4	++	++	各地同属有钻天柳等数种
胡桃	落叶乔木，干果树	4～5		+	山区、半山区
白桦	落叶乔木，树皮白色	5		+	山区、林区同属多种
鹅耳枥	小乔木，叶卵形，小坚果	6		+	山区、林区
榛	落叶灌木或小乔木	3～6		+	山区
板栗	落叶乔木	6～7	++	++	各地
榆树	落叶乔木	3～5	+	+	各地村落路旁
桑树	落叶乔木或灌木	3～5	+	+	各地都有
楝树	落叶乔木，树皮纵裂	6～7		+	各地零星分布
盐肤木	灌木或小乔木	8～9	++	++	各地零星分布
漆树	落叶乔木，树皮灰白色	6	+	+	山坡疏林
色木	落叶乔木，单叶对生	5	+	+	阳坡
茶花槭	落叶乔木，或灌木	5～6	++	++	杂木林中、河岸
文冠果	落叶灌木或小乔木	4～5	++	++	山区丘陵
栾树	落叶灌木，羽状复叶	8		+	400～2 000米，丛林中
酸枣（图4-9）	落叶灌木或小乔木		+	+	向阳干燥荒坡
拐枣	落叶小乔木	5～6		+	山坡杂林中
梧桐树	落叶乔木	5～6	+	+	山西长治、晋城较多
皂荚	落叶乔木，高10～15米	5	++	+	南北各地
槐树	落叶乔木	7～8	++		南北各地

（续）

通 名	主要形态特征	花期（月份）	蜜	粉	生境分布
合欢	落叶乔木	5～6	+	+	南北各地村中、街道旁
黑枣	落叶乔木，雌雄异株，单性花	5～6	+	+	丘陵地区
梅	一年生小乔木，果可食	6～7	+	+	丘陵、平川
臭椿	落叶乔木	5～6	+	+	丘陵、平川

图4-8 山 杨　　　　　（李静明　摄）

图4-9 酸 枣　　　　　（李静明　摄）

表4-2　果树类辅助蜜源植物

通　名	主要形态特征	花期（月份）	蜜	粉	生境分布
苹果	落叶乔木	4～6	++	++	全国各地*
桃（图4-10）	落叶小乔木	3～4	+	+	各地都有
山桃	落叶小乔木	3～4	+	+	各地山区
李	落叶小乔木	4～5	+	+	丘陵山区
杏	落叶小乔木	3～4	++	+	各地都有
山杏	落叶乔木	3～4	++	+	丘陵山区
梨（图4-11）	落叶乔木	3～4	+	+	全国各地
山楂	落叶小乔木	5～6	+	+	各地山区
花楸树	落叶乔木，高8米	5～6	+	+	山坡、山谷杂林中
山里红	落叶小乔木	5～6	+	+	山野荒坡
葡萄	木质藤本	5～6	+	+	各地园林庭院
山葡萄	木质藤本	5～6	+	+	各地山区

图4-10　桃　花

* 　亩为非法定计量单位。1亩=1/15公顷。

图4-11 梨 花

表4-3 瓜菜类辅助蜜源植物

通 名	主要形态特征	花期（月份）	蜜	粉	生境分布
丝瓜	一年生草本植物，茎缠绕	6～8	+	+	南北各地
南瓜（图4-12）	一年生草本植物，茎缠绕	6～8	++	+	南北各地
西葫芦	一年生草本植物，茎缠绕	5～6	++	++	南北各地
菜瓜	一年生草本植物，茎缠绕	5～6	+	+	南北各地
甜瓜	一年生草本植物，茎缠绕	6～8	++	++	南北各地
西瓜	一年生草本植物，茎缠绕	7～8	++	+	南北各地
苦瓜	一年生草本植物，茎缠绕	6～7	+	+	南北各地
冬瓜	一年生草本植物，茎缠绕	6～7	+	+	南北各地
黄瓜（图4-13）	一年生草本植物，茎缠绕	5～7	++	++	南北各地
球茎甘蓝	二年生蔬菜作物	4～5	+	+	南北各地
萝卜	二年生蔬菜作物	4～5	++	+	南北各地
白菜	二年生蔬菜作物	3～5	+	+	北方各地

（续）

通　名	主要形态特征	花期（月份）	蜜	粉	生境分布
芥菜	一年或二年生蔬菜作物	5～6	+	++	北方各地
芜菁	二年生草木，花黄色				南北各地
韭菜	多年生草本作物	7～8	+		各地栽培
葱	多年生草本作物	6～7	+	+	各地栽培
黄花菜	多年生草本作物	6～7	+	+	各地栽培或野生
辣椒	一年生草本作物	6～7			各地栽培
番茄（图4-14）	一年生草本作物	5～6			各地栽培
烟草	一年生草本作物	7～8	++	+	各地栽培
枸杞	蔓生灌木	5～6	++	+	各地栽培或野生
胡萝卜	二年生栽培植物	7	+		各地栽培
芫荽	一年生草本	5～7	++	+	各地栽培
防风	多年生草本，复伞形花序	6～7	+		生于山坡草丛或栽培
芹菜	一年生草本植物	5	++	+	各地栽培

图4-12　南　瓜　（李静明　摄）

图4-13　黄　瓜　（李静明　摄）

图4-14　番　茄　　　　　　　（李静明　摄）

表4-4　灌木类辅助蜜源植物

通　名	主要形态特征	花期（月份）	蜜	粉	生境分布
花椒（图4-15）	落叶灌木或小乔木	5	+	+	各地山区、丘陵栽培
黄檗	落叶小乔木	5～6	++	+	山区、林区
柽柳	落叶小乔木或灌木	6～8	++	+	各地河川
桧柽柳	灌木或小乔木，高达5米	6～7	++	+	干旱或碱地
沙棘（图4-16）	落叶灌木	4～5	+	+	各地山区
五加	落叶灌木	6～7	++		山林边缘、山区
刺五加	落叶灌木，有密刺	6～7	++		各地山区
丁香	落叶灌木	3～4	+	+	各地山区、园林
连翘	落叶灌木	3～4	+	+	各地山区、园林
兰香草	多年生灌木	4～5	++		阳坡灌木丛中
马鞭	多年生草本或落叶灌木	6～7	+		沟边、路旁
牧荆	落叶灌木	5～8	+	+	山地、沟北、荒地
野蔷薇	落叶灌木	7～8	+	+	南北各地山区
黄蔷薇	落叶灌木	6～7	+	+	南北各地山区

（续）

通　名	主要形态特征	花期（月份）	蜜	粉	生境分布
山刺玫	落叶灌木	5～6	+	+	南北各地山区
珍珠梅	落叶灌木，高1～2米	4～5	+		常生于低山林下
紫荆	落叶灌木，花簇生于老枝	3～4	+	+	南北各地野生

图4-15　花　椒　　　　　（李静明　摄）

图4-16　沙　棘
　　　（李静明　摄）

表4-5　草本类辅助蜜源植物

通　名	主要形态特征	花期（月份）	蜜	粉	生境分布
大豆（图4-17）	一年生草本植物	7～8	++	+	各地均有栽培
豌豆	一年生草本植物	4～5	+	+	各地均有栽培
蚕豆	一年生草本植物	3～4	+	+	各地均有栽培
山野豌豆	多年生草本牧草	7～8	++	+	山区沟谷、河滩
野苜蓿（图4-18）	多年生草本牧草	5～8	++	++	野生田边、荒坡
兰花棘豆	多年生草本牧草	6～8	++	++	山坡、本属多种均为蜜源
胡枝子	多年生草本或半灌木牧草	6～8	++	++	山坡、丘陵，本属有60种
披针叶黄花	多年生草本植物牧草	5～6	+	+	山坡草地
柳叶野豌豆	多年生草本植物牧草	6～8	++	+	山区、沟谷、湿地
蒲公英（图4-19）	多年生草本，花黄色	3～5	++	++	各地山坡、荒坡
紫苑	多年生草本，花白色	7～9	+	+	各地山坡、荒坡
旋复花	多年生草本，花白色	8～9	+	+	丘陵、沙地，晋西北多
大蓟	多年生草本，花白色	7～8	++	++	田间、荒地
小蓟	多年生草本，花白色	7～8	++	++	田间、荒地
苣荬菜	多年生草本，花白色	7～10	+	+	田间、路旁、荒地
款冬	多年生草本，花白色	4～5	+	+	种植或野生
鬼针草	一年生草本	6～7	+		沙质荒地
野菊花（图4-20）	多年生草本	9～10	++	+	山区、丘陵、荒地
凤毛菊	多年生草本	8～10	++	++	山坡荒地
千里光	多年生草本	8～9	+	+	山坡草地
矢车菊	多年生草本	8～9	++	++	野生或栽培
夏枯草	多年生草本，叶互生	5～6	+		田间、荒地，本属有12种

（续）

通　名	主要形态特征	花期（月份）	蜜	粉	生境分布
薄荷	多年生草本，有香味	4～6	++		山区、荒地
香薷	一年生草本，轮伞花序	8～9	++	+	沟洼、山坡草地
蓝萼香茶菜	多年生草本	7～8	++	+	荒坡、沟洼、路边
北野芝麻	多年生草本	5～6	+	+	山坡、林间、空地
香青兰	一年生草本	6～7	+		山坡草地、路旁地边
紫荆芥	多年生半灌木	7～8	+	+	山坡、河谷、草坡
密萼香薷	一年生草本	7～8	++	+	生于海拔1000米以上，肥活之农田、果园路边
紫苏	一年生草本，有栽培	5～7	+	+	南北各地
牛至	多年生草本	7～8	++	+	各地山坡草地
裂叶荆芥	一年生草本，有香味	7～9	+		山坡、路旁
荆芥	多年生草本，聚伞花序	7～9	+		山坡荒地
红蓼	一年生草本，高40～80厘米	8～9	++	++	各地河滩、沟谷
五味子	落叶藤本，叶互生，广卵形	6	+		各地山坡
马齿苋	一年生草本，肉质，匍匐状	5～7	+	+	南北各地田间、地边
青葙	一年生草本，高60～100厘米	6～9	+		南北各地山沟、路边
升麻	多年生草本，根状茎，粗壮	7～8	++	+	林缘灌丛中
黄代代	多年生草本，匍匐状	5～6	+		下湿盐碱地
唐松草	多年生草本，伞房花序	6～7	+	+	林中或草甸
荠菜	一年或二年生草本	3～4	+	+	为田野、沟边杂草
播娘蒿	一年生草本，高30～70厘米	4～5		++	山坡、湿地、田野
葶苈	一年生草本，花黄或白色	4～6	+		田野路旁、撂荒地

图4-17 大 豆（李静明 摄）

图4-18 野苜蓿 （李静明 摄）

图4-19　蒲公英　　　　　（李静明　摄）

图4-20　野菊花　　　　　（李静明　摄）

（三）有毒蜜粉源

有毒蜜粉源植物是指那些能够分泌使人或蜜蜂出现中毒症状的花蜜或花粉的植物。常见有毒的蜜粉植物是：雷公藤、紫金藤、苦皮藤、博落回、藜芦、羊踯躅、狼毒、钩吻、乌头、喜树和油茶等。它们的毒性有大有小，有的对人有毒而对蜜蜂无毒，如雷公藤蜜和南烛蜜等。有的正好相反，对蜜蜂有毒而对人无毒，如油茶蜜等。而博落回和狼毒等蜜对人和蜂均有毒性（图4-21至图4-29）。

图4-21　雷公藤　　　　　　　　　　　（引自《现代养蜂法》）

图4-22　苦皮藤　　　　　　（引自《现代养蜂法》）

图4-23　博落回　　　　　　　　（引自《现代养蜂法》）

图4-24　藜　芦　　　　　　　　（引自《现代养蜂法》）

图 4-25　羊踯躅　　　　　（兰建强　摄）

图 4-26　狼　毒　　　　　（引自 www.Bjbug.com）

二、常用人工饲料

人工饲料是指人们根据蜜蜂的生理特点和生产需要，按照现代化蜂产品生产的要求人工配制的供蜜蜂食用的饲料。在人工饲料配制过程中，

图4-27　钩　吻　　　　　　（引自《现代养蜂法》）

图4-28　喜　树　　　　　　（引自 www.sdau.edu.cn）

图4-29　油　茶　　　　　　（徐社教　摄）

一定要体现无公害饲料的特点，不能添加任何未经国家有关部门批准使用的激素、抗氧化剂和防腐剂等违禁产品。

（一）人工花粉

根据蜜蜂的生理需要，参照蜂花粉中各种营养成分的含量，按照无公害标准化蜂产品生产的要求，选用富含蛋白质、脂肪和维生素等营养成分的动植物源性营养物质，添加适量的其他营养物质后用人工配制的供蜜蜂食用的饲料，即代用花粉。

1. **原料选择**　人工花粉常用的原料有脱脂大豆粉（图4-30）、大豆饼粕、花生饼粕、玉米蛋白粉、啤酒酵母和脱脂蚕蛹粉等，所用的原料要新鲜、无霉变、无虫蛀，不得有任何农药和其他粉尘污染。

图4-30　脱脂大豆粉与花粉比较

2. **配制方法**　①对大豆进行科学的炒制脱脂，炒制大豆（图4-31）的过程中一定要注意火候，一般炒至七成熟即可。②要对炒制后的大豆或者是干燥好后的啤酒酵母渣和蚕蛹粉进行粉碎，一般选择直径0.5毫米的筛将原料磨制成粉，或者使其细度保持在60目以上。③按照一定比例

图4-31　黄　豆

添加蜂蜜、蔗糖和其他添加剂混匀，并用直径3毫米大小的筛子将其筛制成花粉颗粒样，灌脾饲喂或是密封备用。

3. 常用配方　①脱脂大豆粉35%，啤酒酵母粉4%，脱脂花生粉15%，白砂糖30%，玉米蛋白粉10%，脱脂蚕蛹粉5%，补充添加剂约1%。②脱脂大豆粉45%，啤酒酵母粉5%，脱脂奶粉4%，白砂糖30%，玉米蛋白粉15%，补充添加剂约1%。③脱脂大豆粉50%，啤酒酵母粉10%，脱脂奶粉8%，白砂糖30%，蛋氨酸1.5%，补充添加剂约0.5%。④脱脂大豆粉52%，蜂蜜32%，白砂糖16%，维生素A、维生素B_1、维生素B_2适量。

（二）饲料糖

在蜜蜂饲养过程中，常用饲料糖主要是白砂糖（图4-32）、高果糖浆和蔗糖。用白砂糖作蜜蜂越冬饲料时，要选择在越冬适龄蜂最后一批封盖子出房前进行，因为这样可以利用原来的老蜂进行蔗糖的转化，避免越冬适龄蜂参加酿蜜。另外，如果将蔗糖酸化水解做成转化糖浆饲喂蜜蜂，最好用乳酸水解，效果比较好。方法是1千克蔗糖加1/2体积的水，再加0.5克乳酸进行水解，大约煮沸30分钟即可。

图4-32　白砂糖

（三）质量控制

1. **质量要求**　人工花粉要具有自然色泽，呈现淡黄色、黄色和金黄色，有天然原料特有的气味和味道，呈粉末状，细度大于60目。饲料糖晶粒均匀松散、无黏结，不带杂质、无异味，溶于洁净水后溶液清澈透明、味甜。

2. **质量监管**　①所购的原料不得有任何农药和其他粉尘污染；②原料要新鲜、无霉变、无虫蛀，被重金属污染、发酵的蜂蜜，生虫、霉变的花粉或花粉代用品不应用作蜂群饲料；③原料库要清洁卫生、阴凉干燥，无鼠害和虫害。④采购回来的蜂蜜、糖浆、花粉或花粉代用品要严格进行消毒和灭菌；⑤生产过程中，不得添加未经国家有关部门批准使用的抗氧化剂、防霉剂、激素等任何违禁药品；⑥如果属于工厂化生产的饲料商品，一定要按照国家标准和产品的配方进行科学生产，不得随意改变配方。

三、饲喂方法

1. **饲喂糖浆**　可采用灌脾饲喂法和饲喂器饲喂法。灌脾是将熬好的糖浆直接灌在空脾中，加入蜂群中饲喂蜜蜂（图4-33）。饲喂器饲喂是先把饲喂器放在巢门口或蜂箱中，然后将蜂蜜或糖浆倒进饲喂器，让蜜蜂自由采食。用巢内框式饲喂器时要事先在饲喂器中放一些小竹棍（图

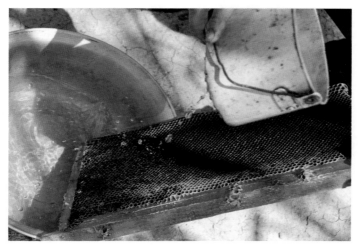

图4-33 将熬好的糖浆灌入空脾

4-34），使其漂浮在液面上，供蜜蜂采食时落脚用，以免蜜蜂被淹死。

饲喂越冬饲料，应选择优质白砂糖，或不易结晶的优质蜜。若用来历不明的蜂蜜，在饲喂前一定要煮沸30分钟，晾凉后再用。

2. 补喂花粉　在早春繁殖季节和其他缺粉季节，应人工补喂一定数量的天然花粉或代用品，以确保蜂群能够正常繁殖。早春繁殖饲喂花粉以本场头年生产的花粉脾或散花粉为好（图4-35），也可饲喂代用花粉。

图4-34 在饲喂器中放一些小竹棍

图4-35　花粉脾

但若饲喂外购花粉，则一定要对其进行消毒，方法是先把买回的花粉加水捏成团，蒸30分钟后晾凉再饲喂蜂群。

　　饲喂花粉的方法主要有抹脾法或框梁法。抹脾饲喂方法是先在花粉中加入稀蜜水制成人工蜂粮，然后抹入空巢脾中，让蜜蜂自由采食；也可将代用花粉依同样方法抹入巢脾制成人工粉脾。框梁饲喂法是将天然花粉或代用品用蜜或糖水调制成花粉饼，放在框梁上让蜜蜂自由取食（图4-36）。

图4-36　框梁饲喂法

3. 喂水　水是蜜蜂机体代谢不可缺少的重要物质，一个正常的蜂群每天采水量可达250克。喂水时，可根据需要在水中添加一定量的食盐，但浓度不要超过0.1%。

喂水方法一般有巢内饲喂法和巢外饲喂法两种。早春和秋末气温低而多变的季节，多采用巢门饲喂法。方法是在巢门口前放置巢门饲喂器，装满水供蜜蜂饮用（图4-37）。当天气变暖时，可用框式饲喂器装满水喂蜜蜂，也可在水龙头下放一有槽的饮水板让蜜蜂自己采水。

图4-37　巢门饲水器

第五章　蜜蜂病虫害防治

一、基本原则

蜜蜂饲养首先应该从加强管理入手，保证蜂群有充足、富含营养物质的饲料。其次，要选择抗病的品种，采取各种措施以减少疾病，增强蜜蜂自身的抗病能力。养蜂场地应符合 NY 5139 的规定。蜜蜂疾病应以综合防治为主，如必须用药物进行治疗和消毒时，其所用的药物必须符合《中华人民共和国兽药典》、《中华人民共和国兽药规范》、《进口兽药质量标准》等的相关规定（图5-1），并必须来自具有《兽药生产许可证》和产品批准文号的生产企业，或者具有《进口兽药许可证》的供应商。所用药物的标签必须符合《兽药管理条例》的规定。

图5-1　中华人民共和国兽药典

（一）特殊要求

（1）优先选用借日光、烘烤、灼烧、洗涤和铲除等机械的或物理的消毒方法，必要时使用消毒药物对饲养环境、蜂箱、巢脾和器具等进行消毒。

（2）在蜜蜂疾病诊断清楚后，选择合适的一种药物，避免重复用药；同时应考虑交替用药，尽可能降低耐药性的产生；使用时要严格遵守规定的用法与用量。

（3）在蜂场记录中要建立并保存全部用药记录，治疗用药记录包括蜂群的编号、发病时间及症状、治疗用药物名称（商品名及有效成分）、用药方式、用药量、疗程、治疗时间等，所有生产活动要有可追溯性。

（4）坚决禁止使用未经国家畜牧兽医行政管理部门批准的兽药或已经淘汰的兽药。严禁使用《食品动物禁用的兽药及其他化合物清单》中的药物及化合物。

（二）环境消毒

蜂场是蜜蜂生活的主要场所，只有使其环境卫生达到无公害的标准化要求，才能预防和减少疾病传播。①要每周清理一次蜂场内的死蜂和杂草（图5-2）；②要及时将蜂场中收集在一起的蜜蜂尸体进行焚烧、深埋。

图5-2　巢门前的死蜂

现代化蜂产品生产中对蜂场环境的卫生消毒必须坚持以下原则：①要定期在蜂场地面撒生石灰粉消毒，将生石灰与土混合、压实，以消灭病原微生物。②每个季度要用0.5%的次氯酸钠溶液、0.5%的过氧乙酸水溶液或5%的漂白粉乳剂对蜂场地面或越冬室喷洒消毒，蜂场建筑物、越冬室或蜂场内的树木可以用10%～20%石灰乳粉刷进行消毒。③对蜂场周围蜜蜂经常采水的水池等进行消毒，如果水体面积不是很大，则应定期向水里投放漂白粉进行消毒；如果水体面积比较大，就应该在蜂场内设置饲喂器并诱导蜜蜂到该处采水。喂水器应定期进行清洗、消毒。为了防止蜜蜂到不洁净的地方采无机盐而传染上疾病，给蜜蜂喂水时应在其中加上适量的盐，浓度一般不超过0.1%。

（三）养蜂用具消毒

（1）对木制蜂箱、竹制隔王板、隔王栅、饲喂器等可以用酒精喷灯火焰灼烧消毒，每年至少一次。灼烧法可以有效地杀灭细菌及其芽孢、真菌及其孢子、病毒、孢子虫、蜡螟虫等病原。灼烧时，要注意用酒精喷灯外焰对准要消毒的蜂箱内壁、箱底内侧、竹制隔王板、隔王栅、隔板和副盖等蜂具的表面及缝隙进行仔细灼烧，以烧至木质焦黄为度。灼烧副盖时，以铅丝发红为度，以防烧断。塑料隔王板、塑料隔王栅、塑料饲喂器和塑料脱粉器可以用0.2%过氧乙酸、0.1%新洁尔灭水溶液洗刷消毒。

（2）对起刮刀、割蜜刀要用火焰灼烧法或是75%酒精进行经常消毒，也可以用水浴煮沸法消毒。

（3）蜂扫、蜂帽、蜂箱内的覆布和养蜂工作服经常接触蜜蜂，所以要经常清洗、煮沸或者是用4%碳酸钠水溶液和曝晒消毒。

（四）药物使用规则

按照蜂产品生产中允许蜜蜂使用的药物及其治疗病种将其使用规则归纳介绍如下：

1. 双甲脒条（500毫克）（amitraz strip）　主要用于防治蜂螨。方法是将其悬挂于蜂群空隙处，每群1条，点燃密闭熏烟15分钟，每周1次，3周为一个疗程，休药期为7天。

2. 氟氯苯氰菊酯条（flumethrin strip）　主要用于防治蜂螨。方法是将其悬挂于蜂群内，每群2条，6周为一个疗程，采蜜期禁用。

3. 氟胺氰菊酯条（fluvalinate strip）　主要用于防治蜂螨，方法是将其悬挂于蜂群内，每群2条，3周为一个疗程，采蜜期禁用。

4. 甲酸溶液（甲酸7毫升与乙醇3毫升）（formic acid solution）　用于治疗蜂螨。一般是在无蜂时使用熏蒸法治疗蜂螨，方法是在临用前将二者混合，在22℃以上，密闭熏蒸5～6小时，每10毫升在标准箱内熏蒸7～8张无蜂封盖子脾。

5. 甲硝唑片（metronidazole tablets）　用于防治蜂孢子虫病。方法是每升糖水（含糖量为50%）加本品500毫克，隔3天饲喂1次，连用7次，采蜜期禁用。

6. 盐酸金刚烷胺粉（13%）（amantadine hydrochloride powder）　用于防治蜂囊状幼虫病。方法是每升糖水（含糖量为50%）加本品2克饲喂，每群250毫升，3天1次，连用6次，采蜜期停止使用。

7. 酞丁胺粉（4%）（etibamzone powder）　用于防治蜜蜂麻痹病，方法是每升糖水（含糖量为50%）加本品12克，每群250毫升，隔天1次，连用5次，采蜜期停止使用。

8. 盐酸土霉素可溶性粉剂（oxytetracycline hydrochloride soluble powder）　用于防治蜜蜂细菌性疾病，方法是每群200毫克（按有效成分计），与1∶1糖浆适量混匀，隔4～5天1次，连用3次，采蜜前6周停止给药。

9. 盐酸土霉素可溶性粉剂（nystatin）　用于防治蜜蜂真菌性疾病，方法是每升糖水（含糖量为50%）加本品200毫克，隔3天1次，连用5次，采蜜期停止使用。

二、常见病虫害

在我国常见的蜜蜂病虫害主要有囊状幼虫病、美洲幼虫腐臭病、欧洲幼虫腐臭病、白垩病、麻痹病、蜜蜂孢子虫病、蜂螨病、爬蜂病、枣花病、葵花病和茶花病等。无论哪种病害，都必须采取预防为主、治疗为辅的方针，只有这样才能确保蜂群健康发展，获得丰收。

（一）囊状幼虫病

囊状幼虫病是一种在世界范围普遍发生的蜜蜂病毒病。

1. 症状　典型症状（图5-3）是幼虫封盖后3～4天仍然不能化蛹，虫体伸直，头部朝向巢房盖，在病脾上表现为刚封盖的巢房被大量咬开。患病幼虫体表完整，表皮内充满乳状液体，此时若用镊子细心地将病虫夹起，整个虫体像一只充满液体的小囊，故取名为"囊状幼虫病"。病虫的头胸部首先变黑是囊状幼虫病的特征，病死的幼虫不腐烂，没有臭味。西方蜜蜂对囊状幼虫病的抗性较强，所以发病轻微，一般都能自愈。但中蜂对此病的抗御能力很差，蜂群染病后常整群死亡。

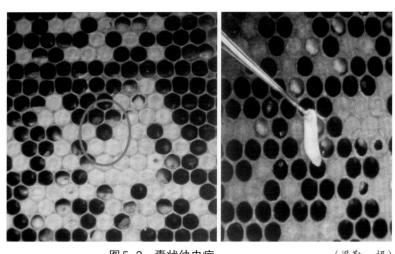

图5-3　囊状幼虫病　　　　　　　　　　（梁勤　摄）

被囊状幼虫病毒污染的饲料（蜂蜜和花粉）是重要的传染源。蜂场人员随意调换蜂群的巢脾以及迷巢蜂、盗蜂等都会造成蜂群间疾病的传播。囊状幼虫病在每年的春末夏初和秋末冬初发生较为严重。我国南方多流行于4～5月份，北方多流行于5～6月份。

2. 防治措施　以抗病选种为主，加强饲养管理，结合药物治疗是防治囊状幼虫病的有效方法。在饲养管理方面，①加强蜂群保温，特别是在早春，要防止"倒春寒"的袭击。要紧缩蜂巢，使蜂多于脾，这样可以增强工蜂的清巢能力和保温能力。②换王断子，降低病原密度。③补充饲喂，可将脱脂奶粉、脱脂大豆粉、酵母粉或天然花粉作为添加物加在浓糖浆中喂蜂。④进行药物治疗，使用盐酸金刚烷胺粉（13%）饲喂，采蜜期停止使用。

（二）美洲幼虫腐臭病

美洲幼虫腐臭病是西方蜜蜂中经常发生的一种毁灭性传染病，蜜蜂幼虫在化蛹后死亡。

1. 症状　该病主要危害1～2日龄幼虫，至老熟期死亡，封盖后房盖呈深褐色、发亮、下陷并有针眼大小穿孔。当用镊子挑起虫尸可成2～3厘米长细丝，有鱼腥臭味。

2. 防治措施

（1）**换箱换脾**　把患病蜂群从原来的位置搬开，在原地放置一个经过严格消毒的蜂箱，箱内放适量经过消毒的空脾或巢础框，巢门前平铺一张干净纸，再把病蜂逐脾提出抖在纸上，让蜂爬进箱内。换出的病群蜂箱和巢脾另做消毒处理。

（2）**药物治疗**　使用盐酸土毒素可溶性粉或医用土霉素片饲喂，每群200毫克（按有效成分计），与1∶1糖浆适量混匀，隔4～5天1次，连用3次，采蜜前6周停止给药。烂子超过30%的要同时用4%的福尔马林溶液消毒病脾。消毒方法是用福尔马林溶液浸泡病脾24小时，然后用清水洗净晾干备用。

（三）欧洲幼虫腐臭病

欧洲幼虫腐臭病是蜜蜂幼虫一种恶性传染病（图5-4）。它使蜂群的

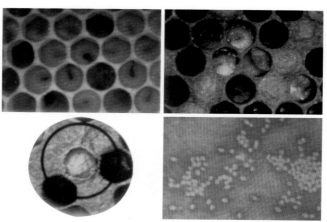

图5-4　欧洲幼虫腐臭病　　　　　　　　（梁勤　摄）

4～5日龄幼虫大量死亡。

1.症状　蜂群染上欧洲幼虫腐臭病后，轻者3%～5%的幼虫死亡，重者20%～25%的幼虫死亡，检查蜂群时可发现"插花子脾"。欧洲幼虫腐臭病严重的蜂群，幼虫的腐烂物也与死于美洲幼虫腐臭病的幼虫一样"拉丝"，但是拉得比较短、粗，并且容易断。

2.防治措施

（1）烧毁病群　蜂群发病的范围很小、发病严重时，烧毁那些严重发病的蜂群是控制传播的最好方法。

（2）更换蜂王　蜂群发病初期，用新交尾成功的蜂王将老蜂王换掉，效果较好。年青的蜂王产卵快，促使清扫工蜂更加积极地清除病虫，蜂群能迅速恢复。

（3）药物治疗　黄芩10克、黄连15克，加水250毫升，煎至150毫升，进行脱蜂喷脾，隔天1次，连续3次为一疗程。

（四）蜜蜂白垩病

蜜蜂白垩病是蜜蜂幼虫的一种传染性病害（图5-5），多发生于春季或初夏，阴雨潮湿的环境下容易发生。

1.症状　患白垩病的蜜蜂幼虫是在巢房封盖之后死亡的，4日龄幼

图5-5　蜜蜂白垩病　　　　　　　　　　　（梁勤　摄）

虫对白垩病的易感性最高，幼虫染病后，虫体即开始肿胀并长出白色的绒毛，充满巢房。病虫变为白色块状是此病的主要特征。白垩病严重时，在巢门前能找到块状的干虫尸。

2. **防治措施**

（1）**换箱换脾**　首先将病群内所有的患病幼虫脾和发霉的蜜粉脾全部撤出，另换入清洁的空脾供蜂王产卵。换下来的巢脾经硫黄熏蒸消毒后使用。病蜂群经换箱换脾后，及时饲喂制霉菌素，50％的糖水每升加本品200毫克，隔3天1次，连用5次。采蜜期停止使用。

（2）**中药处方**　土茯苓60克、苦参40克，加水1 000毫升煎液，得药液500毫升；枯矾50克、冰片10克，研成极细末，兑入药液中，待其溶解后，加入新洁尔灭液20毫升，隔天喷脾1次，连喷4～5次为一个疗程。症状控制后，为防止复发，可间隔1周后再治疗2～3次。

（五）蜜蜂孢子虫病

孢子虫病是目前世界上流行最广泛的蜜蜂成虫病（图5-6）。患病蜜蜂寿命缩短，采集力下降，可造成严重的经济损失。

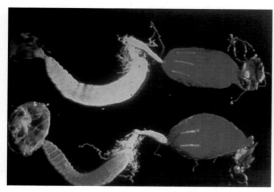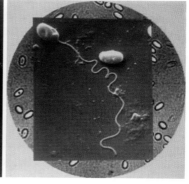

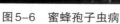
图5-6　蜜蜂孢子虫病　　　　　　　　　　　　　　　（采勤　摄）

1. **症状**　蜜蜂孢子虫主要感染成年蜂（包括蜂王），感染初期，病蜂没有明显症状，但到后期则出现个体缩小、头尾发黑、下痢等症状，病蜂中肠变成苍白色，没有光泽，在蜂箱门前可见许多病蜂在地上爬行。

2. **防治措施**　对孢子虫病的防治应该采取预防为主的综合防治措施。

①要使蜂群贮有充足的优质越冬饲料和良好的越冬环境，绝对不能用甘露蜜越冬。②早春时节，要选择气温10℃以上的晴朗天气，让蜂群进行排泄飞行。③要及时更换老、劣蜂王。④对病群的蜂箱、蜂具和巢脾要及时进行清洗与消毒，可采用4%福尔马林溶液或80%醋酸溶液熏蒸消毒。⑤可在1千克糖浆或蜜水中加1毫升柠檬酸或4毫升醋酸，每群每次喂0.5千克，隔5天喂1次，连喂5次。⑥进行药物治疗，即使用甲硝唑片饲喂，每升糖水（含糖量为50%）加本品500毫克，隔3天1次，连用7次，采蜜期禁用。

（六）大蜂螨病

大蜂螨是危害蜜蜂最严重的寄生螨之一（图5-7）。

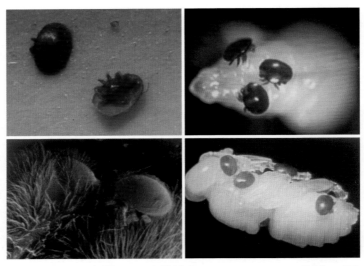

图5-7　大蜂螨病　　　　　（梁勤　摄）

1. **症状**　被大蜂螨寄生的蜜蜂发育不良，体质弱，采集力差，寿命短。螨害严重的蜂群，成年工蜂大量死亡，而新蜂不能产生，因此蜂群群势迅速削弱，甚至全部死亡。

2. **防治措施**　首先可用氟氯苯氰菊酯条或氟氨氰菊酯条悬挂于蜂群内，每群2条，前者6周为一疗程，后者3周为一疗程。采蜜期禁用。另外，目前经常使用的中草药类的杀螨剂有：硫黄及升华硫，滑石粉杀螨粉，芹菜提取物（芹菜油），烟叶、生石灰（螨必清），百部、马钱子、烟叶（螨死蜂乐），灭螨灵1号，A·H植物杀螨剂，健蜂抗螨香粉。

（七）小蜂螨病

小蜂螨主要寄生在子脾上，很少寄生在蜂体上（图5-8）。因此，小蜂螨对幼虫和幼蜂的危害严重，常常造成蜂群的群势衰弱，甚至全群覆灭。主要采用药物熏治法治疗。

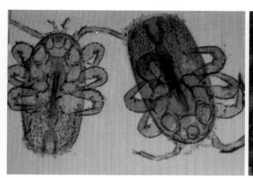

图5-8　小蜂螨病　　　　　　　　　　（梁勤　摄）

小蜂螨病防治措施：小蜂螨较多在雄蜂房中产卵繁殖，可在雄蜂幼虫房封盖后，用刀将房盖割开，夹出雄蜂蛹，部分清除小蜂螨；也可以将雄蜂蛹脾完全切掉。目前，防治小蜂螨效果较好的药物是"升华硫"。使用时，先将子脾上的蜜蜂抖掉，用两层纱布包好升华硫，均匀地扑撒在封盖子脾上，扑撒时要使巢脾保持适当的倾斜度，以防止药粉掉进未封盖的幼虫房中造成幼虫中毒。要注意药量不能过多，每隔7～10天治1次，连治2～3次。

（八）蜜蜂爬蜂综合征

目前，爬蜂综合征已经成为我国大面积流行、对蜂群造成损失较大的一种病害（图5-9、图5-10）。

1. 病因　蜜蜂微孢子虫病、蜜蜂马氏管变形虫病（图5-11）、蜜蜂螺原体病、食物中毒等均会引起蜜蜂爬蜂。其病因十分复杂，有生物性的也有非生物性的，患病后蜜蜂的症状五花八门，各有特点。

图5-9 爬蜂综合征 （梁勤 摄）

图5-10 蜂箱前的病蜂 （梁勤 摄）

图5-11 马氏管变形虫病 （梁勤 摄）

　　非传染性的爬蜂综合征包括：糖饲料引起（水解淀粉糖浆中的多糖物质、糊精等）；蛋白质饲料引起（非脱脂大豆粉、大豆粉添加比例过高）；不合格的白糖；阴雨天过长，妨碍蜜蜂的排泄飞行；轻微的农药中毒。

　　2. 防治措施　该病病因复杂，无特效治疗药物，只能以防为主。①平时要特别注意搞好蜂场的清洁卫生和消毒工作，发现病蜂要及时做好隔离治疗和消毒工作，以防病害蔓延。②早春蜜蜂繁殖时要选择背风向阳的地方放置蜂箱，高温季节则要注意通风和遮阳。③培育和使用适合当地气候特点、具有较强抗逆性的蜂种进行饲养。④在饲养管理方面，一年四季都要保证饲料充足，春季如果缺料要早喂，非生产季节补喂时间一般不得超过5天，尽量在3～5天完成。⑤药物治疗，不同病因按照不同的方法对症治疗，具体参考相关部分。

（九）蜜蜂麻痹病

蜜蜂麻痹病又叫黑蜂病，是危害成年蜂的一种疾病。

1.症状　典型症状①大肚型，腹部膨大，蜜蜂失去飞翔力，颤抖翅足伸开成K字形，呈麻痹状态，常被健蜂追咬；②黑蜂型，全身发黑油亮，绒毛脱光，腹部不膨大，有时候甚至缩小。

2. 防治措施　对于此病的防治应采取综合措施。①选育耐病或抗病蜂种，在发病严重的蜂场，选择发病轻或不发病的蜂群年年育王，更换病群蜂王；②加强饲养管理，提高抗病力，对病群应迅速隔离治疗，并注意保温，避免受潮。③补喂奶粉、维生素B和维生素C等高营养饲料；④药物治疗，用升华硫撒在蜂路、框梁和箱底等处，每群每次10克，可有效驱杀大部分病蜂，控制病情发展。

（十）蜜蜂茶花病

蜜蜂茶花病是一种因幼虫中毒而发生的烂子病。

1.症状　在茶花盛开大流蜜后（图5-12），将要封盖的幼虫或已封盖的大幼虫成批腐烂死亡，房盖色泽变深呈不规则下陷，中间有小孔，用镊子挑出幼虫尸体，幼虫尸体呈灰白色或乳白色，且瘫在房底，散发出酸臭味，中毒严重的蜂群，一走近蜂箱或打开蜂箱大盖就会闻到酸臭味。

图5-12　油　茶　（兰月晗　摄）

2. 防治措施　蜜蜂茶花中毒与茶花蜜中含有较高的寡糖有关。因此，在防治措施上除了用酸性饲料等解毒药物外，最重要的是通过饲养管理手段，使内勤蜂尽量少地取食茶花蜜饲喂幼虫。

（1）继箱分区管理　适用于群势较强的蜂群，先用隔板将巢箱分成两区，将蜜粉脾和适量的空脾连同蜂王带蜂放到巢箱一侧组成繁殖区，然后将剩下的巢脾和蜜蜂放到巢箱的另一侧和继箱组成生产区。巢箱与继箱用隔王板隔开。在繁殖区放一框式饲喂器，经常进行人工补充饲喂，这样可以避免蜜蜂把茶花蜜带进繁殖区。巢门须开在生产区，繁殖区的巢门可安装铁纱巢门控制器，使工蜂只能出不能进。

（2）巢箱分区管理 此法适于群势较小的平箱群。先将巢箱用装有铁纱的隔离板隔成两区，然后把蜜粉脾和适量空脾连同蜂王放到蜂箱一侧组成繁殖区，把其余的蜂和巢脾放到另一区组成生产区，上面盖上纱盖，并使隔离板和纱盖之间留有0.5厘米左右的空间，使蜂王无法通过。在繁殖区放一框式饲喂器经常进行人工补喂。巢门应开在生产区，繁殖区的巢门同样用铁纱控制器，使工蜂只能出不能进，以阻止蜜蜂将采回的茶花蜜带进繁殖区。

（十一）蜜蜂枣花病

引起蜜蜂枣花病的主要原因是枣花蜜中钾离子含量过高，造成蜜蜂在天旱高温季节采食高浓度枣花蜜时细胞脱水死亡。

1. **症状** 患枣花病的死亡蜂全部是采集蜂。蜜蜂发病时腹部膨大，肢体失去平衡，抽搐、无力飞翔，就地跳跃爬行，最后仰卧地上痉挛而死。死后两翅伸展，全身收缩，弯曲成钩状，吻伸出，呈典型农药中毒症状。

2. **防治措施** 采枣花蜜时要选择辅助蜜源较好、自然遮阳条件良好的地方放蜂（图5-13）。同时，盛花期要加强防暑降温、洒水喂水等管理

工作，保持蜂箱周围阴凉湿润。每天傍晚给蜂群喷喂含大黄苏打0.3‰的糖浆，每群每次0.5千克，可大大缓解病情。

（十二）蜜蜂葵花病

采集葵花蜜源（图5-14）的蜂群在葵花流蜜后期群势急骤下降，造成垮蜂的现象，俗称蜜蜂葵花病。

图5-13 采集枣花 （尤方东 摄）

1. **病因** 造成蜜蜂葵花病的主要原因有两个：其中一个最主要的原因就是蜜蜂采集葵花蜜源时起步群势过小，后备子脾不足，囚王时间太长等管理失当、不够科学，造成流蜜后期垮蜂；另外一个原因是在葵花

流蜜后期伴有野菊花或荞麦流蜜的地区，蜂蜜本身所含的成分对蜜蜂寿命有一定的影响，一般可使蜜蜂寿命分别缩短48.65%和11.97%。

2.防治措施：

（1）**主副群饲养，强群采蜜**　在葵花流蜜前15～18天组织主副群，主群要求以采蜜为主，群势在10框足蜂以上，且有4张以上的老熟封盖子脾，并在采蜜前4～5天开始限制蜂王产卵以取得蜜浆高产。副群以繁殖为主，保持5～6框最佳繁殖群势。流蜜期末可将主副群合并，双王群越冬。

（2）**饲喂解毒添加剂**　对于葵花后期伴有野菊花和荞麦蜜源流蜜（图5-15）的地区，要分别给蜂群饲喂含柠檬酸0.02%或含大黄苏打0.03%的稀糖浆（含糖60%），每群每天喷喂0.5千克，直至蜜源结束。

图5-15　荞麦（董霞　摄）

图5-14　葵花蜜源

陈廷珠.1999.蜂群高产饲养技术[M].北京:人民出版社.

陈廷珠.2000.蜜蜂产品与保健[M].北京:中国农业出版社.

陈廷珠.2002.蜜蜂产品知识百问[M].太原:山西科学技术出版社.

陈廷珠.2002.蜜蜂[M].太原:山西科学技术出版社.

杜桃柱.1998.图说养蜂及蜂产品加工新技术[M].北京:北京科学出版社.

李　广.2003.无公害农畜产品生产技术[M].太原:中国农业出版社.

袁耀东.2002.简明养蜂手册[M].北京:中国农业大学出版社.